Generis
PUBLISHING

ECOLOGIE ET ENVIRONNEMENT DU PHYTOPLANCTON DES ETANGS URBAINS DE BERTOUA (EST-CAMEROUN)

KENGNE TENKEU JANVIER

Title: **ECOLOGIE ET ENVIRONNEMENT DU PHYTOPLANCTON DES ETANGS URBAINS DE BERTOUA (EST-CAMEROUN)**

ISBN: 979-8-89966-325-3

Author: KENGNE TENKEU JANVIER

Cover image: Author

Publisher: Generis Publishing
Online orders: www.generis-publishing.com
Contact email: info@generis-publishing.com

DEDICACE

A mon feu père, **M. KENGNE Martin**,
Pour qui l'éducation a toujours été la priorité,
Et qui a de son vivant avec abnégation et clairvoyance,
Guidé mes pas vers la poursuite de mes études.

A mon feu grand-frère, **Pr KENGNE NOUMSI Ives Magloire**,
Pour m'avoir hissé sur ses épaules pour me montrer le chemin,
Me permettant ainsi de voir beaucoup plus loin.

SOMMAIRE

LISTE DES ABREVIATIONS ET DES ACRONYMES

ACP : Analyse en Composantes Principales
AE : Agence de l'Eau
AFNOR : Association Française de Normalisation
APHA : American Public Health Association
CAH : Classification Ascendante Hiérarchique
DCE : Directive Cadre des Eaux
DO : Densité Optique
DRF : Diagramme Rang-Fréquence
GPS : Global Positioning System
IFREMER : Institut Français pour l'Exploitation de la Mer
IPO : Indice de Pollution Organique
MINEPIA : Ministère de l'Elevage, des Pêches et des Industries Animales
OCDE : Organisation de Coopération et de Développement Economiques
OMD : Objectifs du Millénaire pour le Développement
OMS : Organisation Mondiale de la Santé
PAST : Paleontological Statistics
Prof. : Profondeur
RDA : Analyse de Redondance
SP : Saison pluvieuse
SPSS : Statistical Package for Social Sciences
SS : Saison sèche
Surf. : Surface
TDS : Total Dissolved Solids
TSI : Trophic State Index
UC : Unité Conventionnelle

INTRODUCTION

La pénurie en eau douce est une réalité dans de nombreuses régions de la planète et la conjugaison des facteurs anthropiques, climatiques et environnementaux conduira à une intensification et une extension géographique remarquable de ce phénomène dans un futur très proche (Daccache *et al.*, 2016). Depuis quelques décennies, la perception de la nature et du monde vivant s'est profondément modifiée. Les activités de l'Homme en quête d'urbanisation ont transformé son écosystème, entraînant une rupture de quelques grands équilibres écologiques avec des conséquences désastreuses telles que la pollution de l'environnement, le réchauffement climatique et l'augmentation de la fréquence des catastrophes naturelles (Daccache *et al.*, 2016). Puisque cette ressource (eau) s'amenuie et que sa qualité se dégrade, la gestion des plans d'eau est devenue l'un des thèmes prioritaires de multiples organisations internationales en termes de développement durable (Zébazé Togouet *et al.*, 2006). Les engagements pris à Rio en 1992 lors de la convention sur la diversité biologique, ont suscité une prise de conscience de plus en plus croissante des menaces qui pèsent sur la planète, l'environnement et les ressources naturelles, entraînant une perturbation des hydrosystèmes dont les conséquences peuvent aller jusqu'à la migration ou l'extinction de certaines espèces incapables de s'adapter aux changements. L'Homme a de ce fait compris que, c'est la variabilité des facteurs de l'environnement qui explique la diversification des espèces et que c'est l'hétérogénéité des habitats qui favorise la richesse spécifique (Levêque et Mounolou, 2008). C'est ainsi que l'Homme est à la recherche des solutions pour pallier à divers problèmes inhérents à la pollution de l'environnement et à l'eutrophisation des milieux aquatiques. Ces solutions passent par une meilleure compréhension de la nature des hydrosystèmes. Parmi ces hydrosystèmes, les étangs qui sont caractérisés par des chaînes alimentaires interconnectées les unes aux autres, forment un vaste réseau trophique qui leur confère le vocable d'espace multifonctionnel (Otto-Bruc, 2001). Ces étangs renferment de nombreux organismes phytoplanctoniques, qui occupent une place de choix dans le réseau trophique aquatique.

Le phytoplancton est constitué de l'ensemble des micro-organismes végétaux en suspension dans l'eau, incapables de résister au courant et pouvant élaborer par photosynthèse leur propre substance organique, à partir de l'énergie solaire, de l'eau, du dioxyde de carbone et des sels nutritifs (Roubeix *et al.*, 2016). Les organismes phytoplanctoniques sont considérés comme la première communauté biologique à répondre aux pressions d'anthropisation et sont les indicateurs de qualité les plus directs des concentrations en éléments nutritifs dans la colonne d'eau (Solimini *et al.,* 2006). Ils sont organisés verticalement au sein de la masse d'eau en fonction de leur capacité à capter l'énergie lumineuse pour réussir la photosynthèse (Lacour, 2016). Leur métabolisme est dominé par le mode de vie autotrophe basé sur la photosynthèse qui est la source principale de leur énergie et qui permet la constitution des molécules organiques pour les cellules (Dauta et Feuillade, 1995).

Au Cameroun, les travaux portant sur le phytoplancton sont ceux de Kemka (2000), Kemka *et al.* (2004) et Kemka *et al.* (2006) sur le Lac municipal de Yaoundé, Ebang Menye (2004) sur l'Ewoué, Djogo Kinfack (2007) sur le Lac de barrage de la Mefou, Ebang Menye *et al.* (2012) sur la rivière Mfoundi et Koda (2015) sur les étangs du complexe piscicole CAPFORT de Mbalmayo. Tous ces travaux ont été focalisés sur le plan géographique dans la seule région du Centre et ont révélé une immense diversité des peuplements phytoplanctoniques, qui sont des indicateurs de l'état de santé des hydrosystèmes. Très peu d'informations sont disponibles sur l'aspect phytoplanctonique des écosystèmes aquatiques des autres régions. La région de l'Est-Cameroun et plus précisément la ville de Bertoua est une agglomération densément peuplée avec un réseau hydrographique assez important. Les étangs de Bertoua, qui jadis très producteurs de poissons et pour la plupart abandonnés de nos jours (faible productivité), n'ont presque pas de données sur la qualité physicochimique des eaux et sur la biodiversité, l'écologie et la structure des organismes phytoplanctoniques peuplant ces étangs. Ce travail permettra de déterminer les niveaux trophiques des eaux des étangs et proposer le cas échéant des mesures de restauration pouvant permettre une reprise des activités aquacoles.

L'objectif général de ce travail est de déterminer les niveaux trophiques des étangs (Mokolo, Mopa, Côte d'azur, Ngaikada et Kpokolota) de la ville de Bertoua, sur la base de la physicochimie et du phytoplancton. Les objectifs spécifiques sont :

1- déterminer les variations spatiales et/ou saisonnières des paramètres morphométriques, physicochimiques et photosynthétiques des étangs et statuer sur les niveaux trophiques des eaux des étangs ;

2- inventorier les taxa phytoplanctoniques qui colonisent les différentes strates (surface et profondeur) des étangs et analyser la structure des peuplements ;

3- évaluer l'influence des variables environnementales sur la structure des peuplements phytoplanctoniques des étangs étudiés ;

4- établir une approche typologique abiotique et biotique des étangs étudiés à partir des caractéristiques physicochimiques et biologiques.

Ce document se subdivise en trois chapitres dont le premier est consacré à la revue de la littérature. Le second chapitre décrit la zone d'étude, le matériel et les méthodes utilisés. Le troisième chapitre présente les résultats obtenus, leur interprétation et la discussion qui en découle. Il se termine par une conclusion, des recommandations et des perspectives.

CHAPITRE I : REVUE DE LA LITTERATURE

I.1. GENERALITES SUR LES ECOSYSTEMES AQUATIQUES

Les écosystèmes aquatiques représentent l'ensemble des systèmes comprenant non seulement le complexe des organismes (biocénose), mais également le complexe des facteurs physicochimiques du support aquatique (eau) formant l'environnement ou biotope (Tranouez, 2005). Ces étendues d'eau sont d'une importance capitale car elles servent de milieu de vie pour de nombreux organismes vivants, de réservoir de matières organiques et minérales et de régulateurs des flux et des échanges dans les cycles biogéochimiques (Gleick et Meena, 2010). La quantité d'eau sur Terre est d'environ 1,4 milliards de km^3 (Shiklomanov et Rodda, 2003). Cette eau est inégalement répartie à la surface de la planète 97,5 % du volume total se trouve sous forme d'eau salée et s'accumule dans les mers et les océans (UNESCO, 2006), tandis que 2,5 % (environ 35 millions de km^3) seulement se trouve sur les continents sous forme d'eau douce avec 69,5 % en phase solide dans le pergélisol (permafrost), les inlandsis et les glaciers 30,1 % profondément enfouis dans les nappes phréatiques et le reste soit environ 0,4 % directement disponible à la surface de la Terre et réparti comme suit : 67,4 % dans les lacs, 8,5 % dans les zones humides, 12,2 % dans le sol, 1,6 % dans les rivières, 9,5 % dans l'atmosphère et 0,8 % dans les plantes et les animaux (UNESCO, 2006) (Figure 1).

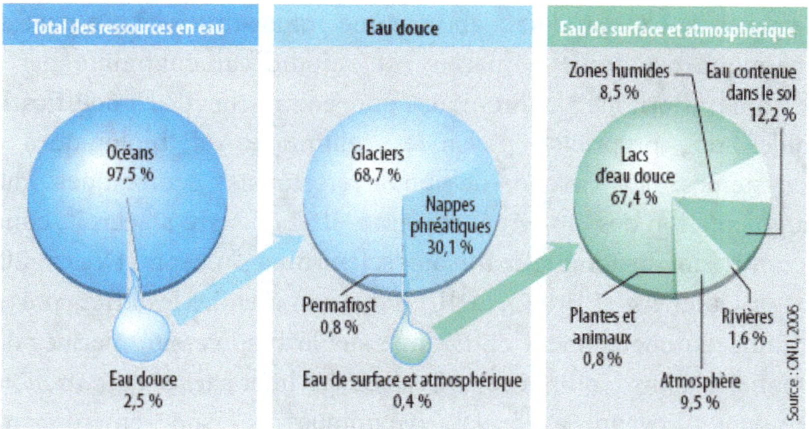

Figure 1: Représentation schématique de la quantité d'eau sur Terre (UNESCO, 2006).

Ces eaux sont fortement soumises à des pressions d'origine naturelle ou anthropique qui engendrent de profondes modifications physiques, chimiques et structurelles tant des bassins versants que des milieux aquatiques eux-mêmes. Ces pressions entraînent une dégradation de la qualité des eaux et une baisse de la biodiversité aquatique faisant disparaître les espèces incapables de s'adapter au changement et favorisant les espèces tolérantes. Chaque organisme possédant des préférences et des exigences vis-à-vis des différents facteurs biotiques et abiotiques de l'environnement (Tuffery, 1980). Les milieux aquatiques sont divisés en deux grands ensembles : les écosystèmes marins et les écosystèmes continentaux.

I.1.1. Ecosystèmes marins

Les écosystèmes marins sont un ensemble écologique formés d'une biocénose composée d'organismes marins, et d'un biotope constitué par l'eau salée et les rivages des mers et des océans (Gleick et Meena, 2010). Ces écosystèmes marins représentent le plus vaste écosystème de la planète, tant par sa surface (71 % de notre planète) que par sa profondeur (3800 m en moyenne) et représentent environ 97 % de l'eau sur Terre (UNESCO, 2006). Ils connectent les Hommes, fournissent nourriture et oxygène, régulent notre climat en absorbant une partie du CO_2 produit et abritent une grande diversité d'espèces. La dynamique des milieux marins est aujourd'hui contrainte par des pressions d'origine anthropique qui entraînent des modifications rapides des propriétés physiques, chimiques et biologiques des écosystèmes. Le risque de bouleversements écologiques dû à l'augmentation des émissions de gaz à effet de serre s'accroît, comme le confirment de nombreux travaux scientifiques récents (Doney, 2010, Hoegh-Guldberg et Bruno, 2010). Pour comprendre les effets présents et futurs du changement climatique sur la biodiversité marine, il est essentiel d'approfondir la connaissance des interactions qu'entretient la vie dans l'océan avec la dynamique de son environnement physicochimique.

I.1.2. Ecosystèmes continentaux

Les écosystèmes continentaux sont constitués par l'ensemble des eaux présentes sur le continent. Ils représentent environ 35 millions de km^3 et sont subdivisés en deux groupes : les eaux souterraines et les eaux superficielles.

I.1.2.1. Eaux souterraines

Les eaux souterraines sont des eaux à l'état liquide et gazeux qui circulent sous terre dans les fissures des roches et les galeries creusées dans le sol (Rodier *et al.,* 2009). Elles représentent environ 30 % de l'eau douce mondiale (Stern, 1998). Provenant de l'infiltration verticale et latérale des eaux de précipitations et de ruissellements dans le sol, ces eaux souterraines circulent ou stagnent dans les fissures et les pores rocheux et sont retenues sur les couches imperméables. Elles s'accumulent remplissant le moindre vide, saturant le sous-sol, formant ainsi un réservoir d'eau souterraine appelée nappe aquifère qui peut être constitué de différents matériaux : sables et graviers non consolidés, roches sédimentaires perméables telles que les grès ou calcaires, roches volcaniques et cristallines fracturées, etc… (Stern, 1998). Selon que leur partie supérieure soit libre ou recouverte d'une couche de terrain imperméable, les aquifères se subdivisent en deux catégories : les nappes libres ou phréatiques et les nappes captives ou géologiques.

Les eaux souterraines représentent un réservoir pour l'approvisionnement en eau potable et pour une utilisation dans l'industrie et l'agriculture. En effet, 70-90 % de la population mondiale utilisent l'eau d'origine souterraine (Aït Boughrous *et al.*, 2007). Elles se différencient par la nature des roches, les caractéristiques physicochimiques des eaux et les conditions climatiques. Du point de vue écologique, malgré ces conditions qui peuvent paraître hostiles au développement de la vie, les milieux souterrains représentent des immenses biotopes pour de nombreuses espèces animales (Ferreira *et al.,* 2016). C'est un réservoir d`une biodiversité inégalée (Griebler *et al.,* 2010) adaptée de façon naturelle aux habitats aquatiques non pollués ou légèrement pollués (Goldscheider *et al.,* 2006).

I.1.2.2 Eaux superficielles

Les eaux superficielles encore appelées eaux de surface sont constituées de l'ensemble des masses d'eau courantes ou stagnantes en contact direct avec l'atmosphère. Elles peuvent être douces, salées ou saumâtres selon leur emplacement. Elles se distribuent à la surface de la planète et se distinguent en deux compartiments essentiels : les eaux courantes ou milieux lotiques et les eaux calmes ou milieux lentiques.

I.1.2.2.1. Milieux lotiques ou eaux courantes

Les milieux lotiques ou eaux courantes regroupent l'ensemble des eaux continentales s'écoulant à une vitesse plus ou moins variable et comprenant les rivières, les ruisseaux, les cours d'eau et les fleuves (Vilaginès, 2003). Ce sont des collecteurs alimentés par les sources, les nappes phréatiques et les eaux de ruissellement qui trouvent leur origine dans les précipitations. Ils représentent environ 0,1 % du volume d'eau douce terrestre (Dussart, 1992). Ils sont fondamentalement caractérisés par les mouvements de l'eau qui revêt trois aspects particuliers : la vitesse d'écoulement, le débit et la nature des fonds avec un haut degré d'hétérogénéité spatiale et temporelle à toutes échelles (microhabitats). Ces eaux sont subdivisées en trois zones : le crénon ou zone de source et de leurs émissaires ; le rhithron ou partie supérieure des cours d'eau (ruisseaux et petites rivières) ; le potamon ou partie inférieure des cours d'eau (grandes rivières et fleuves).

La délimitation de ces parties du cours d'eau se fait en tenant compte de la pente et de la largeur du lit qui agissent eux même sur la vitesse d'écoulement des eaux, la température et l'oxygénation du milieu. L'écologie des systèmes lotiques étudie les interactions biotiques et abiotiques dans les eaux courantes continentales (Angelier, 2003). En dépit de la variabilité de leur volume, ces milieux hébergent une faune riche et diversifiée. La distribution des organismes dans les milieux lotiques est principalement dictée par les processus autoécologiques et les perturbations anthropiques retentissent très fort sur la biodiversité aquatique (Sweeney *et al.,* 2004). Les organismes qui peuplent les cours d'eau sont répartis en fonction de leurs exigences vis-à-vis de certaines conditions hydrologiques et physicochimiques d'une part, et d'autre part, en fonction de leur affinité avec les microhabitats présents (Moisan et Pelletier, 2008). En l'absence de perturbation, la structure des peuplements qui colonisent les cours d'eau répond à un certain équilibre. Une altération de la qualité physicochimique de l'eau et une modification des facteurs abiotiques provoquent un bouleversement de l'édifice biologique, se traduisant généralement par une baisse de la diversité et des successions écologiques dont les espèces fragiles sont les plus affectées (Moisan, 2010).

I.1.2.2.2. Milieux lentiques ou eaux calmes

Les milieux lentiques ou eaux calmes désignent une étendue d'eau libre stagnante, remplissant une dépression naturelle ou artificielle des continents et sans contact direct avec les océans (Pourriot et Meybeck, 1995). Ce sont des systèmes qui prennent des formes très diverses, allant d'une petite collection d'eau temporaire de quelques centimètres de profondeur aux grandes étendues d'eau de plusieurs mètres de profondeur. Ils sont constitués des flaques d'eau, des étangs, des mares, des marécages et des lacs. Ils représentent 1,4 % des ressources d'eau douce disponible sur terre (Tachet *et al.*, 2010) et sont caractérisés par un courant presque inexistant et des particules ayant tendance à sédimenter. Les conditions écologiques qui prévalent en milieux lentiques sont très variées selon la localisation géographique, la dimension, l'ancienneté et les caractéristiques physicochimiques de la collection d'eau considérée (Tachet *et al.*, 2010). En raison de leur stagnation, les milieux lentiques sont directement soumis aux phénomènes d'acidification et d'eutrophisation. De façon générale, la teneur en oxygène dissous de ces milieux est relativement basse à cause de la faible agitation de l'eau qui rend vulnérables ces hydrosystèmes à toute pollution par les matières organiques. La teneur en nutriments qui constitue le principal facteur limitant de leur productivité biologique présente de grandes variations en fonction de multiples paramètres environnementaux naturels ou résultants d'actions anthropogéniques. Les facteurs physicochimiques présentent une distribution verticale parfois homogène dans les biotopes lentiques peu profonds comme les mares, les marécages et les étangs.

I.2. PROPRIETES DES ETANGS

I.2.1. Définition

Un étang est une masse d'eau artificielle stagnante, de faible profondeur (au moins 75 cm), plus ou moins complètement vidangeable à une fréquence variable et destiné à la production des poissons (Peacock *et al.*, 2019). Un étang désigne généralement une étendue d'eau qui est bien plus grande qu'une mare mais plus petite et moins profonde qu'un lac. La plupart des étangs sont le résultat d'aménagements humains, soit par l'établissement d'une digue sur un cours d'eau, soit par curage d'un endroit naturellement humide et alimenté par les eaux de pluie, de source, de ruissellement ou en creusant jusqu'en dessous de la nappe phréatique (cas des gravières). La genèse et l'historique des étangs dépendent directement de l'Homme qui les conditionne à son gré dans le but d'en tirer le meilleur profit (Dussart, 1992). En effet, dans l'optique de maximiser la production piscicole, les Hommes accélèrent l'eutrophisation en ajoutant des fertilisants organiques et minéraux dans ces plans d'eau et en assurant leurs entretiens. Ces différentes pratiques affectent l'écosystème tout entier et augmentent les rendements piscicoles (Milstein *et al.*, 1995). Cependant, Lam *et al.* (2008) signalent qu'un niveau d'eutrophisation très avancé de l'eau couplée à l'absence d'un suivi approprié de l'étang de pisciculture freinent sa production. Les étangs sont regroupés en 3 types principaux selon la façon dont le plan d'eau s'intègre au site (FAO, 2018) :

Les étangs en déblai sont des plans d'eau généralement au-dessous du niveau des terrains voisins. Ils sont directement alimentés par les eaux souterraines, les pluies et/ou le ruissellement de surface. Ils peuvent être alimentés par pompage, mais ce n'est généralement pas le cas. Ils sont non ou partiellement vidangeables, car construits en utilisant un creux ou une dépression du sol, parfois avec adjonction de digues pour en accroître la profondeur.

Les étangs en dérivation sont des plans d'eau alimentés indirectement par gravité ou par pompage par un canal de dérivation (qui devient le canal principal d'alimentation), à partir d'une source, d'une rivière, d'un lac ou d'un réservoir. Ils sont traversés par une partie de l'eau provenant de la source et non la totalité. On dévie une partie du cours d'eau dans un canal d'alimentation qui apportera l'eau aux bassins. Le débit est contrôlé par une prise d'eau et chaque étang possède une arrivée et une sortie d'eau. Ils sont habituellement vidangeables par un canal de vidange.

Les étangs de barrage sont des plan d'eau établis au fond d'une vallée par construction d'une digue en travers de la partie basse de la vallée. L'avantage des étangs de barrage est qu'ils sont faciles à construire. Cependant, ils sont très difficiles à contrôler car une bonne part de la nourriture ajoutée est emportée par le courant. Les étangs de barrage correctement construits ne débordent que dans des circonstances exceptionnelles. Ils peuvent être vidangés par l'ancien lit du cours d'eau. En cas de crue importante, l'excès d'eau est normalement détourné de l'étang à l'aide d'un déversoir ou d'un moine, de manière à maintenir un niveau d'eau constant.

Les principaux éléments et ouvrages associés à chacun de ces étangs (déblai, dérivation et barrage) (Figure 2) sont (FAO, 2018) :

- les digues, qui retiennent l'eau dans l'étang ;

- les canaux, qui amènent ou évacuent l'eau de l'étang ;

- les dispositifs de régulation, qui contrôlent le niveau de l'eau ou son débit, ou les deux ;

- les chemins et voies de desserte, qui longent l'étang et permettent d'y accéder ;

- les installations de récolte et autres équipements destinés à la gestion de l'eau et des stocks piscicoles.

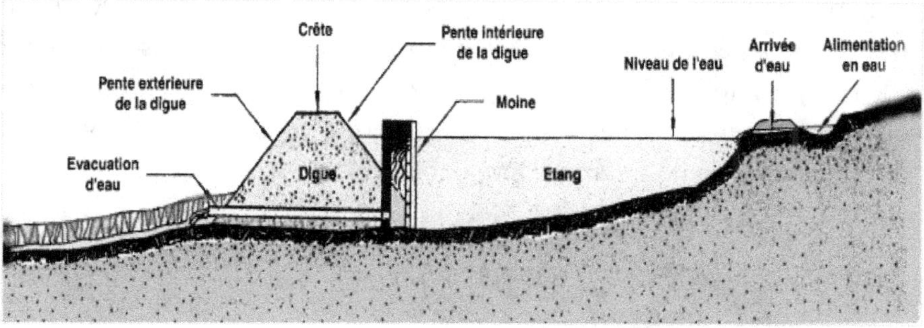

Figure 2 : Principaux éléments et ouvrages associés à un étang de pisciculture (FAO, 2018).

Dans un étang de pisciculture, si le déversement des nutriments dans le plan d'eau n'est pas contrôlé, il risque de dépasser son pouvoir tampon et son pouvoir de dilution (Otto-Bruc, 2001). Un apport excessif en composés organiques biodégradables entraîne donc un déséquilibre entre la productivité et la minéralisation de l'écosystème. Dans les étangs tout comme dans les lacs, la productivité est maximale chez les êtres vivants au stade eutrophe (Zébazé Togouet, 2000). Au-delà de ce stade, même les poissons meurent par asphyxie et la production piscicole diminue. Comme tout milieu aquatique, les étangs sont caractérisés par des chaînes alimentaires connectées les unes aux autres formant un vaste réseau trophique ; ce qui lui confère le vocable d'espace multifonctionnel (Otto-Bruc, 2001).

I.2.2. Réseau trophique des étangs piscicoles

Le réseau trophique est l'ensemble des relations trophiques existant à l'intérieur de la biocénose entre les diverses catégories écologiques d'êtres vivants constituant cette dernière (Nahon *et al.*, 2018). Les principaux rôles fonctionnels classiquement exercés par les espèces au sein des étangs sont des rôles de producteurs, de consommateurs et de recycleurs de matières organiques et minérales. Ces fonctions orchestrent la production biologique dans l'écosystème, notamment pour produire le stock piscicole. Dans les étangs, le niveau trophique supérieur est essentiellement occupé par les poissons (Figure 3). Les principales interactions qui existent, montrent l'ensemble des chaînes alimentaires par lesquelles l'énergie et la matière biologique circulent au sein de l'étang (Domaizon, 2010).

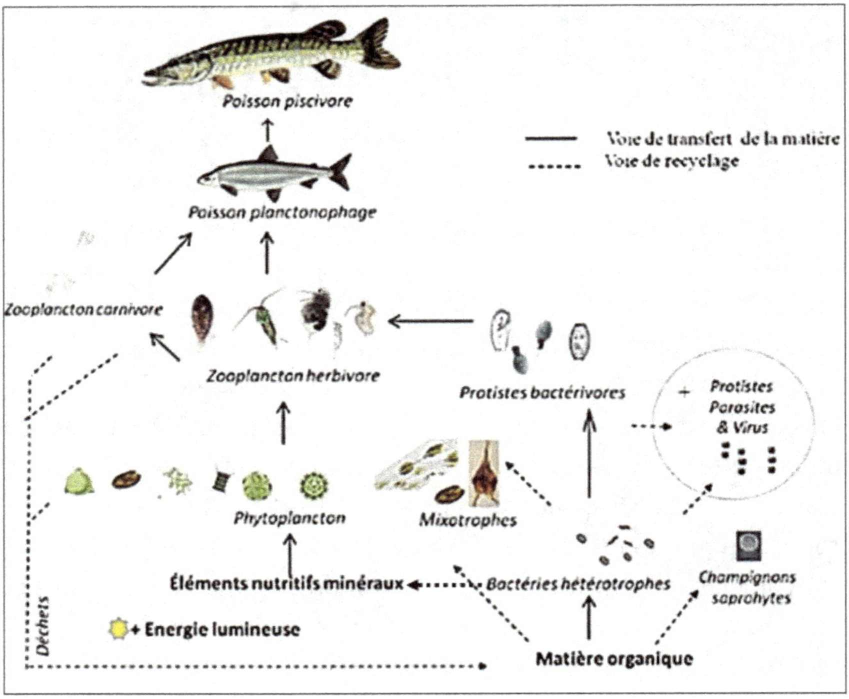

Figure 3: Réseau trophique dans un étang piscicole (Domaizon, 2010 modifié).

I.2.3. Pollution et eutrophisation des étangs

La pollution des étangs consiste à la dégradation de la qualité des eaux par introduction accidentelle ou pas, de substances ou de radiations altérant de manière plus ou moins importante le fonctionnement de l'hydrosystème (Domaizon *et al.,* 2003). L'intensité de ces perturbations peut profondément altérer la persistance des processus écologiques fondamentaux de l'étang. Les eaux sont alors soumises à diverses formes de pollution qui peuvent, affecter à la fois leur qualité physicochimique et biologique. On distingue ainsi la pollution aigüe ou ponctuelle qui entraîne des perturbations à court terme de la pollution diffuse dont les effets apparaissent plus tardivement par accumulation de très fortes concentrations de toxiques. Les sources de pollution des étangs sont multiples et les produits de déchets variés. Pour s'assurer d'importants rendements piscicoles, certains éleveurs ont pris l'habitude de déverser des fertilisants dans l'eau (Barroin, 2003). Or, cet auteur affirme qu'en général, un tel enrichissement du milieu modifie profondément la structure des peuplements biocénotiques qui répondent en quantité et en qualité aux modifications du flux de nutriments parvenant à l'écosystème. D'après Verneaux (1973), la pollution fait varier la diversité des organismes et les plus sensibles régressent au profit des plus résistants. Les hydrosystèmes étant les réceptacles terminaux des divers polluants déversés dans la nature, les étangs apparaissent particulièrement affectés par ce phénomène de pollution. En effet, divers polluants rejetés dans le bassin versant sont transportés jusqu'à l'étang par les phénomènes d'érosion, de ruissellement, de drainage ou encore d'infiltration (Peacock *et al.*, 2019). La pollution des étangs peut se regrouper en trois grandes catégories qui prennent en compte la nature et le type de polluant. Il s'agit de la pollution physique, chimique et microbiologique.

I.2.3.1. Pollution physique des étangs

La pollution physique peut être mécanique due à une importante charge de matières en suspension et de particules solides dans l'eau, thermique causée par le rejet d'eaux chaudes provenant des centrales électriques, nucléaires et des sources thermales, ou encore radioactive (Miquel, 2001 ; El Amrani, 2007). Elle se matérialise dans les étangs par des changements physiques de l'eau. Il s'agit par exemple des variations de la charge des MES, de la température, de la couleur, de la turbidité ou de la transparence de l'eau. Les eaux usées d'origines diverses chargées de MES par exemple sont responsables d'une pollution mécanique, augmentant la turbidité de l'eau, diminuant sa transparence et réduisant le pouvoir de pénétration de la lumière (Leynaud et Verrel, 1980). Une grande quantité de ces matières en suspension forme un substrat pour les bactéries qui peuvent y adhérer et former des biofilms (Irvine et Pettibone, 1993).

I.2.3.2. Pollution chimique des étangs

La pollution chimique est due au déversement des substances chimiques telles que les hydrocarbures, les détergents, les biocides (pesticides) et autres composés organiques de synthèse, les dérivés de l'azote et du phosphore, les matières organiques fermentescibles et les métaux lourds dans l'eau (Godin *et al.*, 1985). Ces substances sont issues des effluents industriels (acides, phénols, cyanures, détergents, hydrocarbures), agricoles (épandage excessif d'engrais, pesticides) et urbains (détergents) (Nagdeve, 2004). Les conséquences d'ordre sanitaire et écologique dans les étangs sont nombreuses : il s'agit de la formation de films et de mousses qui empêchent la réoxygénation de l'eau, du développement superficiel des plantes aquatiques (eutrophisation) lié à l'apport de matières organiques et de l'empoisonnement de la flore et de la faune par les toxiques (Huynh, 2009). Certains de ces polluants chimiques, même sous-forme de trace, peuvent entraîner des conséquences d'une ampleur considérable : ce sont les micropolluants à l'instar des pesticides et des métaux lourds.

I.2.3.3. Pollution microbiologique des étangs

La pollution microbiologique est essentiellement d'origine fécale, due aux déjections d'origine humaine et/ou animale par le biais des eaux usées plus ou moins bien maitrisées aux plans techniques et sanitaires (Festy *et al.*, 2003). Elle s'évalue par la mesure de certaines variables entre autres, les bactéries, les protozoaires parasites, les virus, les champignons et les helminthes (Vilaginès, 2003). En effet, le nombre et la variété d'organismes pathogènes retrouvés dans les eaux usées sont liés au niveau d'infestation de la population humaine ou animale desservie (Ajeagah *et al.*, 2010 ; Kapso, 2018). La pollution microbiologique est généralement une conséquence de la pollution chimique par enrichissement des eaux en substances nutritives.

I.2.3.4. Eutrophisation des étangs

L'un des problèmes majeurs que rencontrent les gestionnaires des étangs est celui de la détérioration de la qualité des eaux due au phénomène d'eutrophisation (Anneville *et al.,* 2000). L'eutrophisation affecte la composante abiotique des étangs à travers la modification des paramètres physicochimiques, mais aussi la composante biotique à travers la baisse de la biodiversité des peuplements. Les nutriments responsables de ce processus sont le phosphore et l'azote qui, plus que tout autre élément, peuvent limiter la croissance des producteurs primaires (Wetzel et Likens, 2000). Le processus naturel de l'eutrophisation est à l'origine très lent. Il peut s'étaler sur des siècles ou des millénaires. L'eutrophisation anthropique accélère l'évolution des étangs vers un état eutrophe ou hypereutrophe (Anneville *et al.,* 2000 ; Zébazé Togouet, 2011). Les sources d'enrichissement sont principalement le lessivage du bassin versant, les eaux usées des zones urbanisées et les fertilisants agricoles (Pitois *et al.,* 2001). Smith (2003) indique que les manifestations de l'eutrophie et/ou de l'hypereutrophie incluent entre autres une turbidité élevée, un déficit voire une anoxie complète de l'hypolimnion, une dégradation de l'aspect esthétique (visuel et olfactif), une diminution de la transparence de l'eau et un changement de la composition des communautés phytoplanctoniques, zooplanctoniques et ichtyologiques. Ce phénomène a été décrit pour quelques étangs du Cameroun (Zébazé Togouet, 2011).

La classification des étangs est basée sur plusieurs critères. A ce sujet, Ramade (2005) les classe en 4 groupes principaux en fonction du degré de trophie (Figure 4) (Tableau I) :

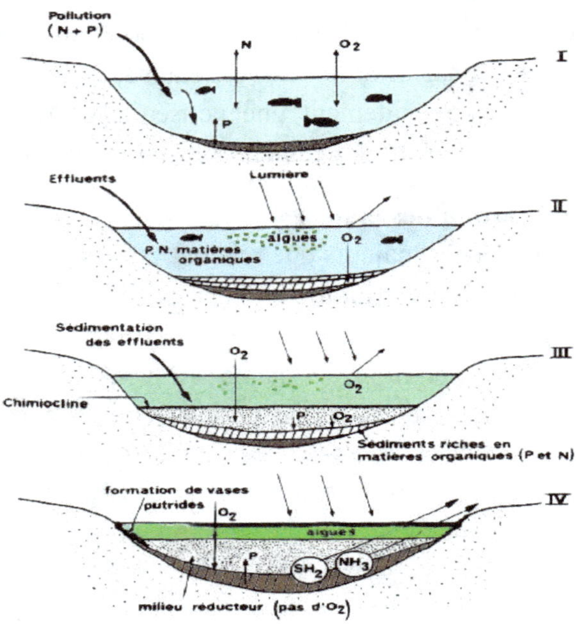

Figure 4: Différentes phases d'eutrophisation d'un étang (Ramade, 2005).

- Etangs oligotrophes (I) : étangs jeunes, pauvres en éléments nutritifs et de production primaire faible. Ils sont marqués par l'absence totale de vase organique et leurs eaux sont transparentes, possédant une teneur très élevée en oxygène de la colonne d'eau (Tableau I) ;

- Etangs mésotrophes (II) : étangs qui sous l'effet d'apports minéraux et organiques extérieurs s'enrichissent progressivement permettant une production primaire plus importante, se traduisant par l'accumulation de matières organiques et une diminution de la teneur en oxygène en profondeur (Tableau I) ;

- Etangs eutrophes (III) : étangs qui sont à un niveau très avancé de leur production. L'accumulation de matières organiques conduit à une consommation massive d'oxygène par les microorganismes. Le fond de l'étang, désormais anoxygéné, est le siège de fermentations, tandis que la couche superficielle oxygénée est très faible (Tableau I) ;

- Etangs hypereutrophes (IV) : c'est l'état extrême de l'eutrophisation. Ces étangs sont très riches en éléments nutritifs avec une production primaire très élevée et une faible teneur en oxygène dissous qui se traduit par la mort des organismes animaux et végétaux supérieurs. Dans les cas extrêmes, l'étang peut disparaître par envasement (Tableau I).

Tableau I: Caractéristiques des différents niveaux trophiques des étangs (Galvez-Cloutier, 2002).

Caractéristiques trophiques des étangs				
Catégorie	**Oligotrophe**	**Mésotrophe**	**Eutrophe**	**Hypereutrophe**
Biomasse	Faible	Moyenne	Forte	Très forte
Algues vertes et Cyanobactéries	Faible	Variable	Forte	Très forte
Macrophytes	Faible	Variable	Faible à forte	Très forte
Productivité	Faible	Moyenne	Forte	Très forte
Oxygénation de l'épilimnion	Normale	Variable	Sursaturation	De la sursaturation à une anoxie complète
Oxygénation de l'hypolimnion	Normale	Variable	Sous-saturation	

I.2.4. Evaluation de la qualité des eaux des étangs

Les étangs sont soumis à des perturbations anthropiques de plus en plus fortes, qui résultent entre autres, d'une augmentation de la fréquence et du niveau de contamination par les polluants (Bérard *et al.*, 2003). La pollution ayant des effets néfastes sur les écosystèmes, l'évaluation des stratégies de gestion durable des hydrosystèmes doit être permanente à cause de la variabilité de ces milieux et de leurs peuplements (Lecerf, 2005). C'est ainsi que pour pallier à divers problèmes inhérents à la pollution des écosystèmes aquatiques, l'Homme recherche des solutions qui passent par une meilleure compréhension du fonctionnement des hydrosystèmes. Le suivi des milieux aquatiques a longtemps été exclusivement orienté sur l'analyse des paramètres physicochimiques des eaux et sur la caractérisation de leurs différentes menaces. Les méthodes chimiques ont longtemps été les seules procédures disponibles pourtant, elles ne donnent qu'un aspect ponctuel de la qualité de l'eau. La qualité physicochimique de l'eau informe sur la localisation et l'évaluation d'un niveau de pollution, en fonction d'un ensemble de paramètres. Basée sur des valeurs de référence, la qualité de l'eau s'apprécie à l'aide de plusieurs paramètres qui permettent d'acquérir des connaissances de base, de développer une surveillance pour détecter des perturbations et de mettre en place un suivi pour rétroagir sur la gestion (Madomguia, 2018). Les méthodes physicochimiques de surveillance de la qualité des hydrosystèmes reposent sur l'échantillonnage et l'analyse des eaux de façon régulière avec une fiabilité et une représentativité des résultats qui est fonction de la fréquence d'échantillonnage (journalière, hebdomadaire, mensuelle, saisonnière...). Même s'il n'existe aucune règle dictant la période et la fréquence d'échantillonnage, Hébert et Légaré (2000) soulignent que dans le cadre d'un suivi à long terme visant à tracer l'évolution temporelle de la qualité de l'eau, un échantillonnage mensuel d'une durée minimale de quatre ans est statistiquement requis. S'il s'agit de mesurer l'impact d'une source de pollution, il faut tenir compte des conditions hydrologiques (période de crues et d'étiage), des conditions météorologiques (importance et intensité des précipitations) et des évènements pouvant influencer la charge polluante (période d'épandage, débordements d'eaux usées...).

Ces dernières années, plusieurs méthodes biologiques pour estimer les niveaux de pollution de l'eau ont été développées. C'est ainsi que, Payne (1986) propose une approche multidisciplinaire en optant pour une analyse biologique qui complète l'étude physicochimique, permettant ainsi de lier les comportements de la biocénose aux variations des conditions du biotope. Des échantillons d'eau sont ainsi prélevés et analysés et toute présence d'organismes bioindicateurs énumérée. La qualité de l'eau est alors évaluée sur la base de l'occurrence, de la fréquence ou de l'absence de ces bioindicateurs couplé à sa qualité physicochimique. Ainsi, la réalisation d'une méthode de suivi de l'intégrité écologique se base de plus en plus sur une démarche d'évaluation qui permet de déterminer les différentes variables (environnementales et biologiques) qui seront aptes à estimer l'état général du plan d'eau (Chouinard, 2010).

Les méthodologies d'évaluation de l'intégrité biologique, définies le plus souvent par le terme de méthodes biologiques, sont reconnues mondialement comme une composante essentielle des programmes de surveillance des eaux de surface car elles donnent une mesure directe de l'intégrité écologique de l'écosystème (Rosenberg et Resh, 1993). En effet, la dégradation d'un ou de plusieurs des composants de l'écosystème se reflète généralement dans les communautés biologiques. Les méthodes biologiques permettent notamment de vérifier si les objectifs de qualité écologique des eaux de surface fixés par la DCE (2005) sont atteints. Les méthodes biologiques s'avèrent être plus performantes que les méthodes physicochimiques traditionnellement utilisées pour évaluer l'état des écosystèmes aquatiques car elles intègrent de façon continue les variations des conditions du milieu dans le temps. Elles peuvent ainsi renseigner non seulement sur les multiples pollutions chimiques ponctuelles ou diffuses qui ont sévi au cours du temps, mais aussi détecter des influences cachées ou complexes de ces polluants en intégrant les effets synergiques, additifs et antagonistes sur les organismes vivants (U.S.EPA., 2002b). De plus, ces méthodes peuvent renseigner sur l'influence de perturbations qui ne sont pas d'origine chimique, comme par exemple la dégradation et la fragmentation des habitats ou l'introduction d'espèces exotiques. Les méthodes biologiques reposent sur l'utilisation de bioindicateur qui est un organisme, ou un ensemble d'organismes (animal ou végétal) qui par suite de leurs particularités écologiques, sont l'indice de modifications abiotiques ou biotiques de l'environnement dues à tel ou tel type d'action humaine (Ramade, 2005).

I.2.5. Lutte curative contre l'eutrophisation

L'eutrophisation d'un plan d'eau se manifeste sous différentes formes. C'est la raison pour laquelle, les techniques curatives pour faire face à l'eutrophisation d'un plan d'eau sont diverses. Ces différentes techniques reposent sur des méthodes qui permettent l'évacuation ou la réduction des concentrations de polluants des eaux. Certaines techniques permettent également d'avoir un contrôle sur des espèces végétales nuisibles de l'écosystème. Selon Devidal *et al.* (2007), on distingue quatre classes de moyens d'actions. : les actions hydrologiques, mécaniques, physicochimiques et biologiques (Figure 5).

I.2.5.1. Actions hydrologiques

Les actions hydrologiques reposent sur des méthodes qui permettent l'évacuation ou la réduction des concentrations des polluants dans l'étang. Cette technique consiste à traiter les eaux chargées en nutriments avant leur arrivée dans l'étang (Figure 5). Le traitement des eaux riches en nutriment s'effectue généralement par le biais des bassins de rétention, pour piéger le phosphore ou l'azote, le plus souvent adsorbé sur les particules transportées (Annadotter *et al.*, 1999). Certaines techniques permettent également d'avoir un contrôle sur des espèces végétales nuisibles de l'écosystème en faisant varier les conditions hydrologiques du milieu. En limitant les concentrations de nutriment dans l'eau, on réduit la production primaire et par conséquent on ralentit le processus d'eutrophisation du plan d'eau (Annadotter *et al.*, 1999).

I.2.5.2. Actions mécaniques

Les actions mécaniques sur les plantes consistent à l'arrachage ou la coupe des plantes aquatiques (faucardage) et au ramassage permettant de retirer du plan d'eau un certain volume de matières organiques (Figure 5). L'apport d'éléments nutritifs dans les eaux est ainsi réduit. Ces opérations ont également pour objectif de maintenir une bonne oxygénation du milieu. En effet, si la croissance des plantes proliférantes n'est pas régulée, on peut avoir à la mort de ces macrophytes, une quantité de matières organiques trop importante qui n'arrive plus à être décomposée par les microorganismes, entraînant une désoxygénation du milieu (IETC, 1999).

Les actions mécaniques sur les sédiments permettent de limiter le relargage d'éléments nutritifs des sédiments vers les eaux. Ces nutriments qui avaient été piégés par les sédiments peuvent être rendus à nouveau disponibles suite à un brassage de la colonne d'eau et remis en suspension, ce qui peut représenter un apport important pour l'hydrosystème (IETC, 1999). En plus de s'attaquer au problème de nutriments, l'enlèvement des sédiments permet de retirer du plan d'eau, des matières toxiques accumulées au fil des années.

I.2.5.3. Actions physicochimiques

Les techniques de réoxygénation des eaux permettent de maintenir une teneur minimale en O_2 dissous dans l'eau, avec pour but de rétablir les conditions oxydantes au niveau des sédiments et réduire le relargage de composés indésirables. Ces techniques reposent sur des systèmes d'aération tels que les injecteurs d'air, des systèmes mécaniques de brassage des eaux ou encore l'injection d'O_2 pur ou d'ozone (Figure 5) (Devidal *et al.*, 2007).

Plusieurs types de produits chimiques sont disponibles sur le marché pour lutter contre l'eutrophisation des eaux (Figure 5). Certains agents chimiques introduits dans le plan d'eau sont capables de diminuer la concentration en phosphore et en azote solubles. En les précipitant ou en les piégeant par adsorption sur les sédiments, les éléments nutritifs ne sont dès lors plus biodisponibles (IETC, 1999). Néanmoins, ces méthodes sont en général dommageables pour l'environnement, principalement dans les étangs qui sont utilisés pour l'aquaculture (IETC, 1999). La plus grande prudence s'impose pour l'application de tout produit chimique dans l'eau.

Les techniques agissant sur l'énergie lumineuse permettent d'avoir un contrôle de la photosynthèse qui ne peut pas s'effectuer sans lumière (Figure 5). Elles consistent par exemple à recouvrir les étangs avec une bâche pour empêcher les rayons lumineux d'arriver jusqu'à l'étang. Le but étant d'empêcher le développement des algues en les privant de la lumière du soleil nécessaire à leur croissance. Ces techniques vont limiter la production primaire et empêcher la prolifération d'organismes photosynthétiques dans l'eau (Søndergaard *et al.*, 2003).

I.2.5.4. Actions biologiques

Les techniques de lutte contre l'eutrophisation par un traitement biologique (Figure 5) sont relativement récentes mais semblent néanmoins très intéressantes pour l'impact limité qu'elles peuvent avoir sur l'environnement (Devidal *et al.*, 2007). Certains poissons peuvent permettre de contrôler les macrophytes, c'est le cas par exemple de la carpe chinoise herbivore appelée aussi sous le nom « amour blanc ». Une autre technique consiste à la biomanipulation (Meijer *et al.*, 1999 ; Olin *et al.*, 2006), en favorisant la dominance de certaines populations zooplanctoniques telles que les daphnies par exemple, on peut observer une diminution des cyanobactéries filamenteuses et coloniales (Lammens, 1999). L'introduction de nouveaux organismes dans le milieu est néanmoins une opération qui nécessite une étude préalable afin de perturber au minimum les chaînes alimentaires et l'équilibre de l'écosystème.

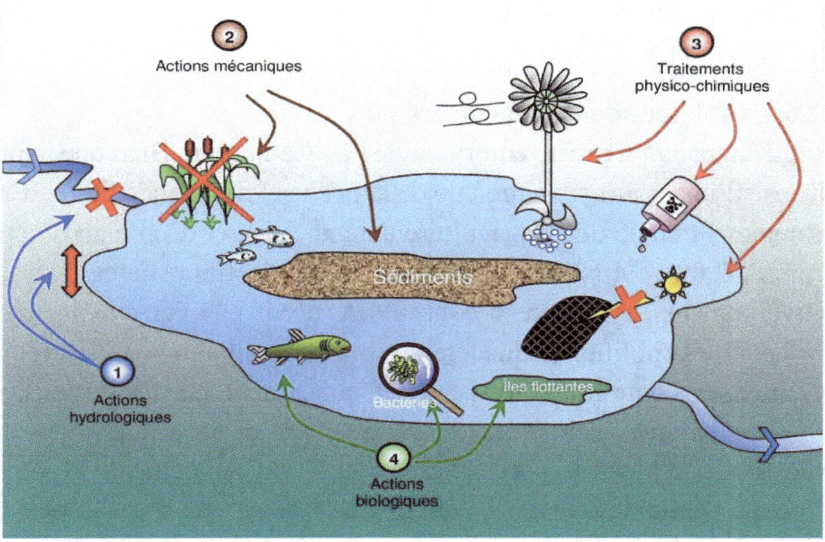

Figure 5: Schéma des différents groupes d'actions de lutte contre l'eutrophisation (Devidal *et al.*, 2007).

Les mesures pour traiter de façon curative les problèmes d'eutrophisation des étangs sont variées. Il convient néanmoins de rappeler qu'il n'existe pas de solution miracle pour une restauration rapide. Chaque plan d'eau possédant ses propres caractéristiques, il n'existe par conséquent pas de solution unique pour traiter les problèmes de pollution et de dégradation du milieu naturel. Les pressions anthropiques sont également très différentes d'un plan d'eau à l'autre. Toutes ces particularités font du traitement de chaque hydrosystème un cas spécifique et unique. C'est la raison pour laquelle, quelle que soit l'action envisagée en vue d'une restauration, il importe d'adopter une approche globale afin d'obtenir le portrait le plus complet possible de la situation actuelle de l'écosystème avant son traitement. C'est elle qui permettra l'application de mesures curatives efficaces après avoir tenu compte des spécificités du plan d'eau. Cependant, malgré l'application des techniques curatives appropriées, il est indispensable que ces actions contre l'eutrophisation soient appliquées en association avec des mesures de réduction à la source pour avoir une plus grande efficacité à long terme.

I.2.6. Problèmes de l'aquaculture au Cameroun

L'aquaculture reste embryonnaire au Cameroun. Bien que le pays dispose d'une politique nationale de la pêche et de l'aquaculture, d'une stratégie nationale de l'aquaculture depuis 2003, et d'un plan d'action depuis 2009 (MINEPIA, 2009a), les objectifs stratégiques du gouvernement en matière d'aquaculture n'ont pas été atteints et les résultats de la politique aquacole ne sont pas toujours significatifs. De nombreuses contraintes persistent et concernent les institutions, les financements, les techniques d'aménagement et de gestion des sites, avec des effets sur la production et sur l'environnement. L'activité piscicole au Cameroun est davantage une démarche individuelle que collective qui est plus souvent pratiquée dans des étangs de barrages. Selon le ministère en charge du développement de l'aquaculture (MINEPIA, 2009b), environ 1/3 des étangs piscicoles se trouvent sur des sols de type argileux non adéquats à la pisciculture du fait de leur imperméabilité, ce qui pourrait justifier les faibles productions obtenues. Cette situation soulève la question du choix du site. Des études spécifiques doivent être réalisées pour déterminer l'adéquation du site aux exigences de l'aquaculture.

Au Cameroun, la recherche scientifique dans le domaine aquacole porte essentiellement sur la caractérisation des systèmes d'élevage, la biologie des espèces halieutiques et les aspects socioéconomiques de la filière. Peu d'études sont menées sur la caractérisation des étangs piscicoles, la diversification des espèces d'élevage, encore moins sur la distribution spatiotemporelle des sites piscicoles et sur les aspects légaux et politiques de l'activité (MINEPIA, 2009a). L'essentiel de la production piscicole est réalisé dans les systèmes de type extensif, en eau douce, en étangs de barrage et en étangs de dérivation (Mikolasek *et al.*, 2009). Les systèmes d'élevage, sont des polycultures de *Oreochromis niloticus* (Linnaeus, 1758) et de *Clarias gariepinus* (Burchell, 1822) en association parfois avec *Heterotis niloticus*

(Curvier, 1829), *Parachanna obscura* (Gunther, 1861) et/ou *Cyprinus carpio* (Linnaeus, 1758) (MINEPIA, 2013). Des systèmes d'intégration de l'élevage de porcs ou de poulets sont également pratiqués. Par ailleurs, la technologie locale en reproduction des espèces n'est pas maîtrisée, les fermes ne disposent pas toujours d'écloseries, les systèmes de productions restent extensifs et les méthodes d'élevage rudimentaires, le milieu naturel ne satisfait pas toujours à la demande d'alevins d'espèces d'eau douce (Atangana, 2019). Les difficultés majeures relevées par les producteurs piscicoles au Cameroun concernent le financement, l'approvisionnement en alevins et aliments, les techniques d'élevage et la gestion des sites piscicoles (Figure 6).

Les conséquences immédiates du manque de financement seraient : la construction de petits étangs, la production de poisson d'élevage de qualité de taille inadéquate à partir de systèmes extensifs, en temps et lieu requis par les acheteurs et à prix compétitif avec celui offert par la pêche ou les poissonneries (importation) tout en n'ayant pas de marge bénéficiaire (Atangana, 2019). Il est important de recadrer le développement de l'aquaculture dans le contexte de concurrence permanente des produits carnés, notamment de poissons congelés, de bœufs, de porcs et de volailles (Fermon, 2013).

Sur le plan technique, les pisciculteurs ne tiennent pas de fiche technique, ni de comptabilité. Ils ne disposent pas de projet piscicole bancable. De plus, les sites piscicoles semblent inappropriés aux milieux qui les abritent, il est presque impossible de vidanger complètement les étangs, l'approvisionnement en intrants est aléatoire, la qualité de l'eau n'est pas contrôlée. Vraisemblablement, ces derniers ont besoin d'être formés tant sur la conception du projet piscicole, que sur l'aménagement des étangs, les techniques d'élevage et les impacts de leur activité sur l'environnement. Le caractère pénible des travaux manuels impose d'être physiquement fort et en bonne santé pour aménager et entretenir un site piscicole. L'existence des conflits sur l'eau et les terres entre pisciculteurs exerçant sur un même bassin versant indique un certain manque de collaboration entre ces derniers. Une fédération de l'aquaculture favoriserait la mise en place d'un cadre professionnel solide et une meilleure organisation de la filière sur l'ensemble du territoire (Atangana, 2019).

Toutefois, il est possible d'améliorer le niveau de production et de rentabilité avec les ressources disponibles actuellement, en adoptant des techniques d'élevage appropriées, de minimiser la majeure partie des impacts potentiels de l'aquaculture à condition de connaître les processus mis en œuvre, de pratiquer une gestion responsable (FAO, 2013) et de déterminer correctement l'emplacement des installations d'aquaculture (Brummet et ponzoni, 2009). Loin d'être une équation facile, le développement de la pisciculture nécessite une batterie de conditions sociales, économiques, politiques, environnementales et culturelles afin de s'assurer que celle-ci s'intègre à l'économie locale et que les sites soient gérés de manière adaptée à l'environnement.

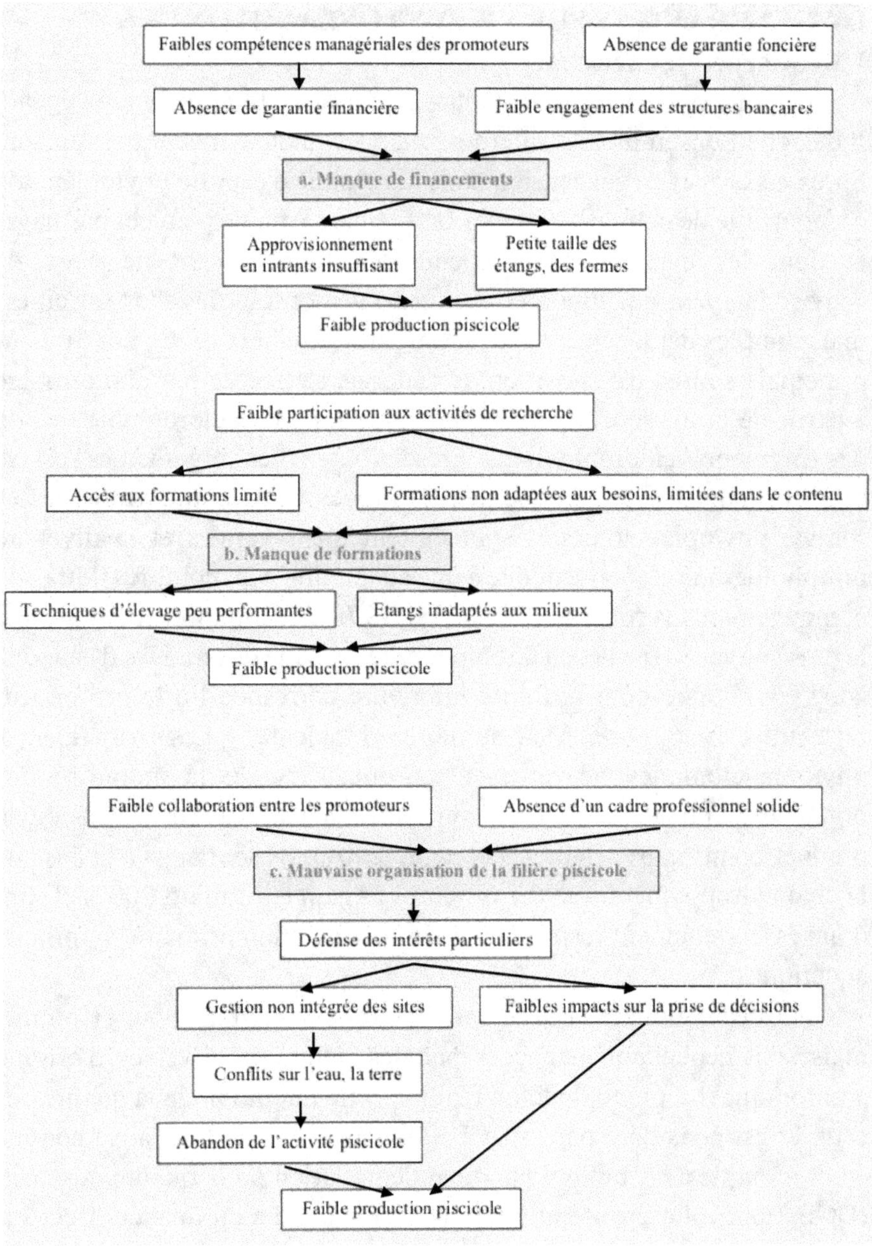

Figure 6: Arbre à problèmes de l'aquaculture au Cameroun (Atangana, 2019 modifié).

I.3. GENERALITES SUR LE PHYTOPLANCTON

I.3.1. Caractères généraux

Le phytoplancton est constitué par l'ensemble du plancton végétal. Il désigne l'ensemble des microorganismes photosynthétiques qui sont libres, passifs et en suspension dans la colonne d'eau. Le phytoplancton est constitué de cellules, colonies ou filaments qui ne peuvent pas nager et dont les déplacements dépendent essentiellement de ceux de l'environnement aquatique et/ou qui sont motiles (flagellés ou ciliés) mais dont les déplacements sont restreints (Roubeix *et al.*, 2016). Leur principale source d'acquisition de l'énergie s'effectue par phototrophie à partir de la lumière : c'est la photosynthèse. La chlorophylle 'a', un des pigments chlorophylliens présent chez ces organismes est le pigment majoritaire impliqué dans le processus de photosynthèse. Les formes phytoplanctoniques sont extrêmement variées et la diversité morphologique est souvent liée à une adaptation à la mobilité (flottaison et mouvements verticaux) (Zeitzschel, 1978). Le phytoplancton se situe le plus souvent dans la couche supérieure éclairée des masses d'eau, dite zone euphotique dont la limite inférieure correspond à la profondeur recevant 1 % de la lumière incidente. Les organismes phytoplanctoniques ne représentent que 1 % de la biomasse des organismes photosynthétiques sur Terre mais assurent 45 % de la production primaire (Behrenfeld *et al.,* 2001). Ils sont ainsi à la base de la chaîne trophique des hydrosystèmes (Azam et Malfatti 2007) et sont donc essentiellement responsables de la production primaire en milieux aquatiques.

Les eaux douces représentent une ressource vitale pour l'Homme, mais sont cependant menacées par des pollutions diverses d'origine anthropique. Le phytoplancton réagit à cette altération de la qualité des eaux et est considéré par la DCE (Directive Cadre des Eaux) comme étant un indicateur biologique de la dégradation de la qualité des eaux (DCE, 2005). La prolifération du phytoplancton a un impact direct sur les écosystèmes aquatiques entraînant des modifications de la diversité et de la dynamique des organismes qui y vivent. Certaines espèces comme les Cyanobactéries peuvent synthétiser des toxines à l'origine d'intoxications plus ou moins graves, représentant des risques important pour la santé humaine et animale (Chorus et Bartram, 1999) et limitant ainsi les usages de l'eau par ces contaminations.

I.3.2. Ecologie et écophysiologie du phytoplancton

Les organismes phytoplanctoniques sont d'une extrême plasticité écologique colonisant les biotopes terrestres et aquatiques (Fogg *et al.,* 1973), se retrouvant dans les eaux douces, salées ou saumâtres. Quelques espèces sont recensées dans les eaux thermales tandis que d'autres tolèrent les basses températures des lacs arctiques et antarctiques (Skulberg, 1996). Certaines espèces vivent en association avec des protozoaires, des éponges, des ascidies (endozoïques), des fougères aquatiques ou des angiospermes (endophytiques) (Couté et Bernard, 2001). Ces organismes phytoplanctoniques peuvent encore vivre en symbiose avec des champignons et des algues vertes comme dans le cas des lichens (Couté et Bernard, 2001). Au cas où ils sont strictement aquatiques, ils peuvent être planctoniques ou benthiques, fixées ou très proches des divers substrats (roches, coraux, algues, animaux), se développant même à l'intérieur des sédiments (Couté et Bernard, 2001).

Certains organismes phytoplanctoniques autotrophes possèdent des possibilités remarquables d'adaptation à la température et aux variations lumineuses grâce à une composition pigmentaire qui leur permet d'utiliser une large gamme de spectres lumineux. Ils se répartissent dans la colonne d'eau en fonction des turbulences du milieu, de leur flottabilité et de leur éventuelle motilité (Therriault *et al.,* 1978). Le phytoplancton est constitué des organismes écostratégiques pouvant adopter plusieurs comportements qui les conduisent à dominer les communautés algales (Chorus et Bartram, 1999). On distingue ainsi :

- les écostratégiques dispersés ou stratifiants ; C'est le cas par exemple des Genres *Planktothrix* et *Limnothrix* qui sont des espèces filamenteuses sensibles aux fortes intensités lumineuses. La régulation de la flottabilité est moins efficace chez ces espèces qui se retrouvent alors dispersées dans l'épilimnion, arrivant parfois à éliminer les autres organismes phytoplanctoniques par simple ombrage. Elles peuvent aussi adopter une stratégie différente en se développant au niveau de la thermocline où leur richesse en phycoérythrine leur permet d'absorber efficacement la lumière dans les longueurs d'ondes de 490 à 570 nm (bleu et vert) ;

-les écostratégiques fixateurs d'azote ; Certaines espèces de Cyanobactéries appartenant aux Genres *Aphanizomenon*, *Nodularia* et *Nostoc* peuvent profiter d'une limitation de la disponibilité en azote sous forme directement assimilable (NO_3^- ou NH_4^+) pour dominer les autres espèces grâce à leur fixation d'azote.

Lorsque les conditions favorables sont réunies (température, ensoleillement, stabilité des masses d'eau, teneur élevée en nutriment), des proliférations massives de microalgues surviennent dans les eaux entraînant un changement de leur couleur. Une telle prolifération d'une sorte de microalgues porte le nom d'efflorescence ou de bloom et change souvent visuellement l'aspect de l'eau (Ait Hammou *et al.*, 2018). En cas d'efflorescence, une espèce de phytoplancton se multiplie tellement qu'elle finit par occuper tout l'espace (Lacour, 2016). Sa densité rend l'eau opaque et asphyxie le milieu. C'est ce qu'on appelle l'eutrophisation de l'eau : Une espèce domine et prive de nourriture et de lumière les autres espèces qui ne peuvent plus se développer (Boyd *et al.*, 2000). Ainsi, l'accumulation du phytoplancton fait écran aux échanges gazeux à l'interface air-eau. Dans un premier temps, ces algues empêchent la pénétration de la lumière et freine le développement du phytoplancton nécessaire à l'oxygénation des eaux. Ensuite, la dégradation de matières organiques par les bactéries aérobies appauvrit encore le milieu en oxygène, ce qui perturbe la respiration des animaux aquatiques, favorisant alors la prolifération de bactéries anaérobies qui donnent aux eaux une teinte rouge (Chan *et al.*, 2004). Bien que ces conséquences négatives soient multiples, l'eutrophisation entraîne l'enrichissement des étangs pour favoriser la production halieutique (Ramade, 2005) et l'utilisation des boues chargées de matières organiques comme engrais dans les plantations. La prolifération des Cyanobactéries par exemple atteint parfois de telles proportions que l'eau se colore en bleu (Ait Hammou *et al.*, 2018). Des couches parfois très épaisses et éventuellement des écumes apparaissent alors à la surface de l'eau avec une durée de quelques heures à plusieurs mois. Ces efflorescences sont le plus souvent dominées par une seule espèce ou un petit nombre d'espèces, possédant pour la plupart d'entre elles des vésicules à gaz pouvant servir à une éventuelle mobilité (Reynolds, 1998).

L'influence des facteurs écologiques sur le fonctionnement des processus physiologiques associés à la richesse spécifique des populations phytoplanctoniques sont multiples. Les espèces ne réagissant pas de la même manière aux variations des conditions du milieu, le taux de croissance de ces espèces ainsi que leur dépendance vis-à-vis des nutriments sont également variables. Le cycle biologique de chaque espèce phytoplanctonique participe ainsi à un réseau complexe de relations inter et intraspécifiques à l'intérieur d'un assemblage d'espèces. Afin de faire face aux variations environnementales, les espèces phytoplanctoniques ont développé des stratégies adaptatives :

- les mécanismes favorisant leur mobilité et leur migration vers des zones riches en nutriments et/ou en lumière (phototaxisme, migration verticale, nage, agrégation) ;
- le mode de nutrition (autotrophe, hétérotrophe ou mixotrophe) ;
- la compétition interspécifique par production de substances allélochimiques ;
- les mécanismes de défense contre la prédation (allélopathie).

I.3.3. Phytoplancton et production primaire

Les producteurs primaires désignent l'ensemble des végétaux autotrophes qui, par photosynthèse, transforment l'énergie lumineuse en énergie biochimique avec production de matières organiques (Nicholson, 2016). Ils sont constitués des éléments du phytoplancton qui se concentrent principalement dans la zone euphotique qui correspond à la zone de forte production primaire. Du fait des variations saisonnières qui influencent fortement les conditions physicochimiques des eaux, la composition du phytoplancton d'eau douce est hétérogène. Alors que la température, l'intensité de la lumière et les mouvements de la masse d'eau sont les principaux facteurs qui déterminent les successions d'espèces phytoplanctoniques dans le temps (Amblard et Pinel-Alloul, 1995), les concentrations de nutriments et leur proportion stœchiométrique sont des indicateurs fondamentaux de leur prolifération (Nicholson, 2016).

La composition du phytoplancton dans les hydrosystèmes lentiques est fonction des caractéristiques physiques et chimiques telles que la profondeur, le volume d'eau et les teneurs en nutriments (Findlay et Kling, 1990). Dans les petites collections d'eau, les sédiments sont importants et le volume d'eau faible ; ce qui facilite le recyclage des nutriments et partant, le développement du phytoplancton (Findlay et Kling, 1990). Dans les milieux peu riches en nutriments, la composition du phytoplancton est surtout dominée par des algues mixotrophes très peu ou pas consommées par le zooplancton, à l'exemple des Chrysophycées, des Dinophycées et des Euglénophycées (Schlumberger et Bouretz, 2002). Ces milieux sont favorables au développement des petites espèces de zooplanctons filtreurs tels que les Rotifères et les Cladocères de taille inférieure à 400 µm, au détriment des grands filtreurs (Cladocères) et des carnivores (Cyclopidés) qui sont rares (Schlumberger et Bouretz, 2002). Un tel milieu, riche en petites espèces de zooplancton et présentant une transparence au disque de Secchi élevée, est défavorable à une production piscicole importante.

Une ressource halieutique importante est liée à une zone de forte production phytoplanctonique. Le phytoplancton est en effet le premier maillon des chaînes alimentaires aquatiques. Quoique faiblement représenté dans le règne végétal (1 à 2 % de la biomasse végétale mondiale), le phytoplancton piège 30 à 60 % de carbone inorganique global/an dans la couche euphotique et la répartit dans les réseaux trophiques (Pawlowski, 2004). Par prédation et décomposition, la matière organique produite par les autotrophes dans la zone euphotique est consommée et exportée même dans les zones aphotiques, au fond des plans d'eau.

I.3.4. Principales classes phytoplanctoniques

La flore algale mondiale est estimée à environ 120 000 espèces (Rolland, 2009) et selon des critères morphologiques, cytologiques, biochimiques et reproductifs, 8 principales classes phytoplanctoniques sont différenciées dans les milieux aquatiques (Rolland, 2009).

I.3.4.1. Cyanophycées

Les Cyanophycées sont des indicateurs de la mauvaise qualité de l'eau pouvant se satisfaire d'éclairements faibles et se plaisant dans les milieux riches en phosphates (Gomez *et al.*, 2017). Ce sont des algues primitives pouvant être unicellulaires, filamenteuses, sphériques, ovoïdes, cylindriques, isolées ou associées en colonies simples par l'intermédiaire d'une matrice produite au cours de la croissance (Figure 7A). Ils regroupent plus de 110 genres et environ 1000 espèces dulçaquicoles. La plupart des Cyanobactéries de forme sphérique appartiennent à la Famille des Chrorococcacées, tandis que les formes filamenteuses appartiennent aux Familles des Nostocacées et Oscillatoriacées (Bourrelly, 1985c). Les cellules appartenant à cette classe se caractérisent par l'absence de noyau, de plaste et de reproduction sexuée. Ces algues bleues se distinguent des procaryotes hétérotrophes par la présence de chlorophylle 'a' et de pigments accessoires (phycocyanine, phycoérythrine, caroténoïdes…) (Colyer *et al.,* 2005). Les Cyanobactéries sont avantagées en milieu limitant en azote assimilable car ils possèdent des hétérocystes qui sont des cellules à membrane épaisse, à contenu cellulaire homogène et très clair, capables de fixer l'azote atmosphérique. Les Cyanobactéries se divisent essentiellement par fission binaire ou division végétative, c'est à dire que la membrane cellulaire s'invagine et sépare la cellule mère en deux cellules filles isomorphiques. Généralement, cette division a lieu dans un, deux ou trois plans qui sont plus ou moins perpendiculaires les uns aux autres entre générations successives (Komârek, 2003). Les Cyanophycées ne possèdent pas de formes flagellées et sont très abondants dans les eaux douces africaines.

I.3.4.2. Chlorophycées

Les Chlorophycées sont des microalgues vertes vivant isolées ou organisées en colonies dans les eaux marines et douces des zones tempérées et chaudes (Garnier *et al.,* 1995). Unicellulaires ou pluricellulaires, de forme ovoïde, elles mesurent de 1 à 10 microns et peuvent posséder deux flagelles qui leur permettent de se maintenir en surface (Figure 7B). Elles forment un groupe extrêmement vaste et morphologiquement très diversifié, comportant environ 500 genres et plus de 15000 espèces (John, 1994). La plupart des algues vertes planctoniques en milieux lentiques appartiennent aux Ordres des Volvocales et des Chlorococcales qui font partie de la sous classe des Euchlorophycées (Bourrelly, 1985b et 1990). Les cellules des Volvocales possèdent une paroi cellulaire glycoprotéique tandis que les Chlorococcales sont unicellulaires ou coloniales avec une membrane bien définie, parfois de formes filamenteuses (Ettl et Gârtner, 1988). L'état végétatif est sous forme immobile et les flagelles sont absents au stade adulte. On distingue un noyau par cellule et les mêmes pigments majeurs (Bourrelly, 1985b). Pour assurer leur reproduction, les Volvocales et les Chlorococcales forment des zoospores à l'intérieur de la paroi cellulaire de la cellule mère. Chaque cellule de la colonie par division végétative donne n cellules formant 2n cellules filles. On retrouve 3 types de reproduction sexuée : isogamie (2 gamètes de même taille), anisogamie (gamète mâle plus petit que gamète femelle) et oogamie (gamète femelle non flagellé et gamète mâle flagellé) (Nozaki, 2003). Les organismes de cette Classe sont typiquement thermophiles, photophiles et ont une préférence pour les milieux riches en nutriments azotés.

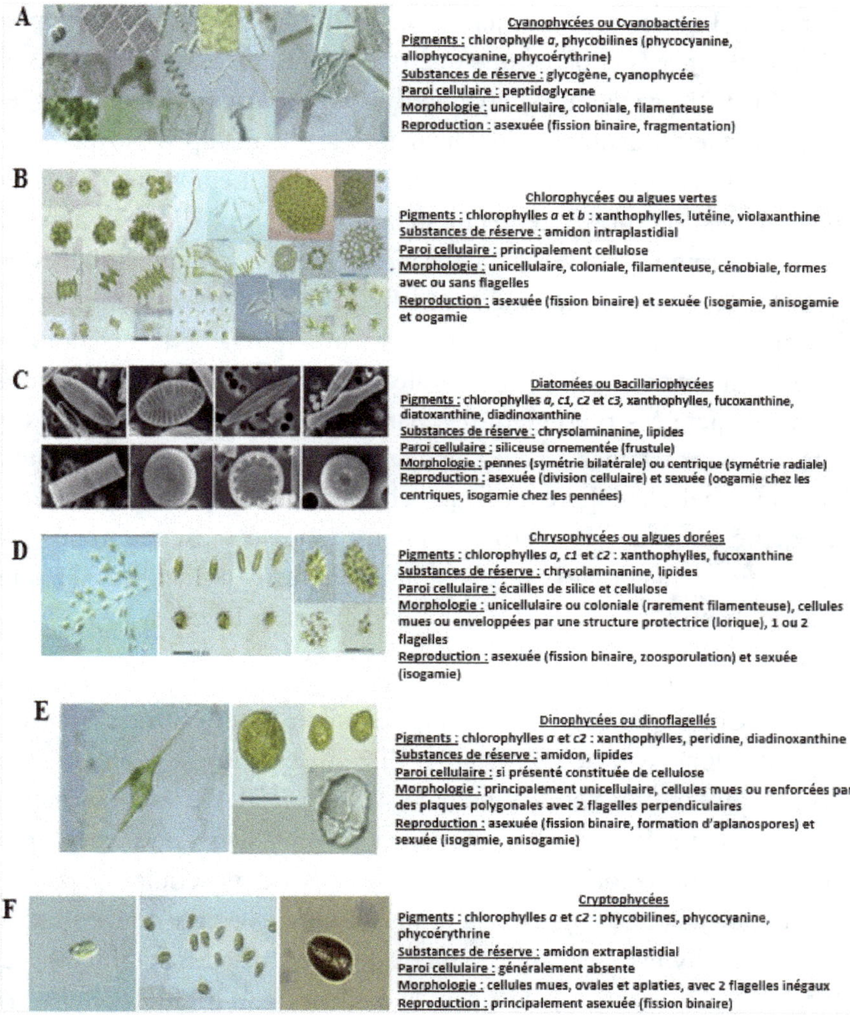

Figure 7: Classes algales et leurs caractéristiques principales basées sur des aspects cytologiques et morphologiques. (Saez *et al.*, 2008).

I.3.4.3. Diatomées ou Bacillariophycées ou Diatomophycées

Les Diatomées encore appelées Bacillariophycées ou Diatomophycées sont des organismes microscopiques vivant dans l'eau, soit en suspension, soit sur le fond, libres ou fixés à des supports divers (Ebang Menye *et al.*, 2012). Ce sont des algues jaunes et brunes unicellulaires dont la taille varie entre deux micromètres et un millimètre (Figure 7C) (Garnier *et al.*, 1995). Elles engloberaient plus de 100 000 espèces et on estime que seulement près de 15 000 espèces ont été identifiées (Ebang Menye *et al.*, 2012). C'est un des groupes les plus importants du phytoplancton même si beaucoup d'espèces sont sessiles ou associées aux substrats littoraux. Leur caractéristique principale est la présence d'une paroi cellulaire siliceuse appelée frustule (Germain, 1981). Ces microorganismes sont unicellulaires ou coloniaux et sont communément divisés en deux groupes : les Diatomées centriques qui ont une symétrie radiale ; les Diatomées pennées qui ont une symétrie bilatérale (Germain, 1981). Les valves des Diatomées pennées présentent des parties de cellules plus épaisses et dilatées. Chez certaines espèces, une fente, nommée raphé, traverse une partie ou la cellule entière alors que chez d'autres espèces, on observe une dépression de la paroi cellulaire appelée pseudoraphé. La reproduction végétative par division cellulaire est le mode le plus commun de multiplication (Canter-Lund et Lund, 1995).

I.3.4.4. Chrysophycées

Les Chrysophycées sont des algues unicellulaires brunes à jaunes, de forme allongée et de petite taille. Elles vivent libres ou en colonies dans les eaux marines et continentales (Figure 7D). Ce sont des algues rarement filamenteuses dont certaines vivent dans une enveloppe protectrice appelée lorique (Bock *et al.*, 2017). Leurs cellules possèdent un ou plusieurs plastes jaunes ou bruns du fait de la forte concentration en xanthophylles (lutéine, fucoxanthine, diadinoxanthine) et caroténoïdes (β-carotène) masquant la couleur due à la chlorophylle 'a'. (Wetzel, 2001). La plupart de ces cellules obtiennent leur énergie par mixotrophie, c'est à dire qu'elles sont capables d'autotrophie et d'hétérotrophie. Dans le dernier cas, elles se nourrissent en consommant de la matière particulaire comme des bactéries ou des protistes (phagotrophie) ou bien en absorbant des molécules organiques complexes (osmotrophie) (Domaizon *et al.*, 2003). La plupart des cellules sont uniflagellées mais certaines possèdent deux flagelles généralement de même taille. Certaines espèces de Chrysophycées n'ont pas de paroi cellulaire mais sont juste entourées d'une membrane cytoplasmique. D'autres possèdent une surface cellulaire couverte de plaques ou d'écailles siliceuses ou calcaires. La multiplication dans cette Classe se fait par fission binaire ou par zoosporulation. Les phénomènes sexuels, rarement signalés, sont de nature isogamique. En période de repos, la formation endogène de kystes siliceux, globuleux, percés d'un pore obstrué par un bouchon, est caractéristique des Chrysophycées (Bock *et al.*, 2017).

I.3.4.5. Dinophycées ou Dinoflagellés

Les Dinoflagellés sont des microalgues unicellulaires de couleur rouge-orangée et de taille allant de 3 à 50 microns (Pochon et Gates, 2010). Leur nom provient du grec *dinos* « tourbillon », décrivant leur déplacement très particulier dû à la présence de deux flagelles : un flagelle postérieur inséré au niveau d'un sillon vertical (sulcus) servant de gouvernail, et un flagelle transversal inséré au niveau d'un sillon équatorial (cingulum), entraînant leur propulsion (Figure 7E). Elles regroupent environ 300 espèces et sont des algues flagellées unicellulaires dont la plupart sont mobiles (Pochon et Gates, 2010). Une ceinture transversale, le cingulum, encercle la cellule et la divise en une épithèque et une hypothèque alors qu'une invagination longitudinale, le sulcus, définit la face ventrale de la cellule. Ils possèdent des plaques de cellulose sur la partie externe de la membrane et la taxonomie de ces microorganismes est basée sur le nombre et l'arrangement de ces plaques (Kofoid, 1999). Ces plaques peuvent être très fines et sont parfois difficiles à observer par microscopie optique. Des pores apicaux, des extensions de plaques et des épines peuvent aussi apparaître chez certaines espèces. La péridinine qui fait partie des pigments accessoires de type caroténoïdes est responsable de la couleur dorée bien que les cellules puissent apparaître jaunâtre voire marron. Bien que la reproduction sexuée se produise de temps en temps, la reproduction asexuée par la formation d'aplanospores (spores non flagellés) prédomine. En période de diapause, la formation de kystes peut s'accentuer considérablement (Carty et Wujek, 2003). La plupart des espèces sont bioluminescentes et émettent de la lumière lorsqu'elles sont dérangées probablement pour effrayer les prédateurs.

I.3.4.6. Xanthophycées

Les Xanthophycées vivent à l'état unicellulaire, colonial ou de filament et sont caractérisées par une plus grande proportion de pigments caroténoïdes (β-carotène) que de chlorophylle, ce qui peut expliquer leur couleur jaune-verte (Ettl, 1983). Elles regroupent plus de 100 genres et environ 600 espèces dulçaquicoles. Les cellules mobiles possèdent deux flagelles de taille différente. La paroi cellulaire est souvent absente et quand elle est présente, elle contient une grande quantité de pectine et peut être siliceuse chez plusieurs espèces. Les Xanthophycées se divisent par fission binaire mais peuvent également former des zoospores. La reproduction sexuée, quand elle a lieu, est le plus souvent isogamique (Ott et Oldham-Ott, 2003).

I.3.4.7. Cryptophycées

Ce sont des organismes unicellulaires, mobiles de par la présence de deux flagelles (de taille égale) et dépourvus de paroi cellulaire. L'enveloppe qui les entoure est appelée périplaste et est composée de deux couches distinctes : le périplaste interne (succession de plaques protéiques) et le périplaste externe (membrane protéique unique) qui entourent la membrane plasmique (Figure 7F) (Kugrens et Clay, 2003). Les cellules sont aplaties dorso-ventralement et sont pourvues d'une invagination antérieure qui porte les deux flagelles. Les cellules contiennent une variété de pigments dont la phycoérythrine qui leur donne une couleur rougeâtre caractéristique. La reproduction se fait par fission binaire (Bourrelly, 1985c).

I.3.4.8. Euglénophycées

Les Euglénophycées sont presque tous unicellulaires, sans paroi cellulaire, possèdent un, deux ou trois flagelles qui émanent d'une invagination de la membrane cellulaire, une vacuole contractile et un stigma orange à rouge composé de globules de caroténoïdes (Rosowski, 2003). Ils sont répartis en 13 genres et plus de 2000 espèces. Bien que certains Euglènes soient non pigmentés, phagotrophes (capable d'ingérer des particules solides) et par conséquent considérés comme des protistes animaux, la plupart sont photosynthétiques et parfois hétérotrophes (Icudo et Menezes, 2016). Même si la phagotrophie peut constituer le mode d'assimilation de carbone principal, aucune de ces espèces n'en dépend uniquement. Cette dernière est toujours combinée à l'absorption de composés organiques dissous. En ce qui concerne leur mode de reproduction, la division cellulaire semble être la règle pour cette Classe phytoplanctonique (Bourrelly, 1985c).

I.3.5. Rôles du phytoplancton

Les organismes phytoplanctoniques jouent plusieurs rôles dans les milieux aquatiques à savoir : Poumon de la planète, pompe biologique de carbone, bioindicateur de la qualité des eaux et base de la chaîne alimentaire aquatique.

I.3.5.1. Poumon de la planète

Le premier producteur d'oxygène sur Terre n'est pas la forêt contrairement à une idée reçue, mais le plancton végétal qui apporte à l'atmosphère plus d'O_2 que l'ensemble des forêts du monde réunies (Mollo et Noury, 2013). Les microalgues fabriquent leur substance à partir du CO_2 et des composés minéraux (azote, phosphates, potassium, fer, silice…) dissous dans l'eau. Pour cela, elles utilisent l'énergie de la lumière qu'elles captent grâce à la chlorophylle contenue dans leur cellule. Les réactions chimiques impliquées dans ces productions de matières organiques libèrent de l'oxygène (O_2). Ce processus de photosynthèse permet au phytoplancton de produire une grande quantité d'O_2 nécessaire à la vie dans l'eau, mais aussi, grâce aux échanges gazeux, il fournit environ les 2/3 (60 à 80%) de l'oxygène de l'air de notre planète pourtant il ne représente que 1 % de la biomasse d'organismes photosynthétiques, le dernier tiers provenant des végétaux des continents (Mollo et Noury, 2013).

I.3.5.2. Pompe biologique de carbone

Le phytoplancton joue un rôle fondamental au niveau de la régulation des cycles biogéochimiques et de la fixation du CO_2 atmosphérique, contribuant directement au contrôle du climat global. La fixation de CO_2 par le phytoplancton et sa transformation en carbone organique vivant (biomasse phytoplanctonique) représentent une des étapes fondamentales de la pompe biologique de carbone. Cette pompe biologique comprend un certain nombre de processus responsables du transfert vertical de carbone de la surface de l'océan vers les zones profondes, à l'inverse du gradient de concentration (Guilloux, 2016). La sénescence, l'agrégation et la plongée du phytoplancton ainsi que les produits résultant des prédateurs directs ou indirects du phytoplancton (ex. : pelotes fécales, mues de crustacés planctoniques, capsules mucilagineuses d'appendiculaires ou salpes) sont d'autres mécanismes qui encouragent le transfert (exportation) vertical du carbone et son stockage (séquestration), temporaire ou permanent, dans les océans profonds. Ce phénomène est appelé pompe biologique de carbone. Il limite la quantité de CO_2 présent dans l'atmosphère et participe à la régulation du climat. Les océans absorbent près de 30 à 60 % des émissions de dioxyde de carbone anthropique et contribuent ainsi à atténuer le changement climatique en diminuant l'effet de serre (Mollo et Noury, 2013).

I.3.5.3. Bioindicateur de qualité des eaux

Selon Blandin (1986), un indicateur biologique (bioindicateur) est un organisme ou un ensemble d'organismes qui par référence à des variables biochimiques, cytologiques, physiologiques, éthologiques ou écologiques permet de façon pratique de caractériser l'état d'un écosystème et de mettre en évidence aussi précocement que possible leurs modifications, naturelles ou artificielles. La variabilité des taxa phytoplanctoniques présents dans un prélèvement, leur assemblage, la présence ou l'absence de groupes sensibles à la pollution donnent une indication sur la qualité des eaux. Le phytoplancton, qui est donc fortement influencé par les changements environnementaux (Anneville *et al.*, 2000), est considéré comme étant la première communauté biologique à répondre à l'eutrophisation, spécialement dans les milieux lentiques (Solheim *et al.*, 2005). Ainsi, ce compartiment biologique a été proposé puis imposé comme bioindicateur puisque répondant aux changements trophiques des eaux (DCE, 2005).

I.3.5.4. Base de la chaîne alimentaire aquatique

Les organismes phytoplanctoniques sont à la base des chaînes trophiques aquatiques et sont donc responsables d'une part essentielle de la production primaire. Le phytoplancton est consommé par les organismes microscopiques (zooplancton) et les animaux de petite taille qui constituent eux-mêmes la nourriture de consommateurs plus gros qui, à leur tour, sont mangés par d'autres prédateurs. Les microalgues ne sont pas appréciées exclusivement par le zooplancton, elles sont un aliment de choix pour des espèces filtreuses.

1.3.6. Facteurs de contrôle du phytoplancton

Les organismes phytoplanctoniques sont sous le contrôle de deux groupes de facteurs qui interagissent simultanément : les facteurs biotiques et les facteurs abiotiques.

1.3.6.1. Facteurs abiotiques

Les éléments nutritifs nécessaires au développement des végétaux aquatiques notamment les algues sont : l'azote sous forme ammoniacale (NH_4^+), nitrates (NO_3^-), nitrites (NO_2^-) et le phosphore sous forme d'orthophosphates (PO_4^{3-}) (Wetzel et Likens 2000). L'azote et le phosphore constituent des éléments essentiels à la croissance des organismes phytoplanctoniques et sont généralement en carence dans les eaux naturelles (Wetzel et Likens, 2000). Un apport de ces éléments est habituellement associé à un développement du phytoplancton (Reynolds, 1998 ; Talling et Lemoalle, 1998). En eau douce, le phosphore est généralement le facteur limitant de l'eutrophisation (Garnier *et al.,* 2001). Par contre, l'azote apparaît comme le nutriment majeur de la production primaire dans les lacs tropicaux et les océans ouverts (Talling et Lemoalle, 1998 ; Arfi *et al.,* 2001). Ces éléments nutritifs peuvent provenir des sources naturelles, urbaines ou agricoles (Carmichael *et al.,* 2010).

Le cycle des éléments nutritifs ne peut fonctionner correctement que dans des conditions d'équilibre écologique (figure 8A). Lorsque les apports en nutriments se multiplient, le cycle est déréglé et l'on parle d'eutrophisation (Galvez-Cloutier *et al.*, 2000). Les matières dissoutes et en suspension vont être minéralisées avec consommation d'oxygène et production de sels nutritifs. Les algues profitent des sels nutritifs en excès et se développent à une vitesse plus élevée que celle à laquelle elles pourraient être consommées par les animaux, dispersées par les courants ou décomposées par les bactéries (Ryding et Rast, 1994). Il y a donc accumulation de biomasse algale et la décomposition de ces algues va désoxygéner le milieu (figure 8B). La respiration nocturne du phytoplancton et la dégradation de la matière végétale par les microorganismes consomment toutes deux l'oxygène de l'eau. Assez rapidement, la raréfaction de l'oxygène dans les eaux a plusieurs conséquences néfastes : mortalité des poissons, libération de gaz corrosifs et d'autres substances indésirables, et modification des valeurs du pH et du potentiel redox (Galvez-Cloutier *et al.*, 2000). Lorsque les concentrations en oxygène sont basses, les bactéries anaérobies peuvent oxyder les molécules organiques sans consommation d'oxygène. Les produits terminaux de cette oxydation (hydrogène sulfuré H_2S, ammoniaque NH_3 et méthane CH_4) sont toxiques pour de nombreuses espèces animales (Garnier *et al.*, 2001). La chaîne trophique sera ainsi perturbée et déséquilibrée.

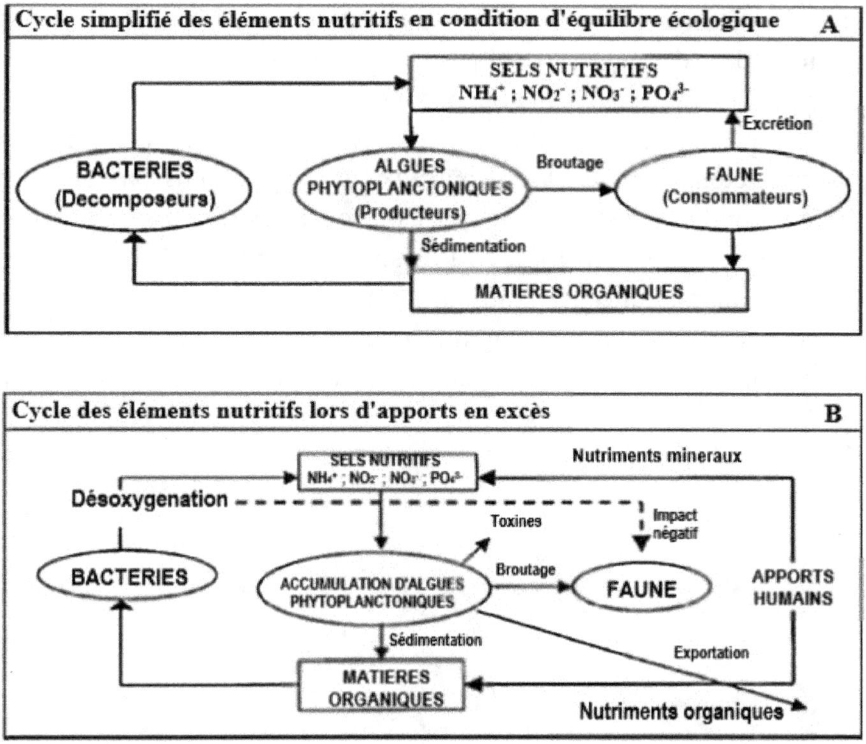

Figure 8 : Cycle des éléments nutritifs dans les conditions d'équilibre écologique (A) et lors des apports en excès de nutriments (B) (Galvez-Cloutier *et al.*, 2000).

1.3.6.2. Facteurs biotiques

Les facteurs biotiques qui influencent l'abondance du phytoplancton sont constitués des filtreurs omnivores, du zooplancton et des poissons. Le zooplancton consomme le phytoplancton et joue un rôle essentiel de transfert d'énergie au sein des écosystèmes lentiques, lorsqu'il est consommé par les poissons qui sont des consommateurs supérieurs des réseaux trophiques des étangs (Angelier, 2000). Mc Queen *et al.* (1986) ont montré que les effets des organismes zooplanctoniques herbivores atteignent le maximum dans les milieux oligotrophes et s'atténuent avec l'augmentation de l'eutrophie, notamment du fait du développement d'algues peu consommables comme les Dinoflagellés et les Cyanobactéries filamenteuses.

Cependant, Elser et Goldman (1991) soutiennent l'hypothèse d'effets maxima des cascades trophiques en milieux mésotrophes où la prédation des poissons planctonophages et l'abondance du zooplancton herbivore sont suffisamment importantes pour un contrôle du phytoplancton. Dans les lacs tropicaux, le rôle des poissons dans les réseaux trophiques est amplifié par la présence des filtreurs omnivores. Les poissons zooplanctonophages sont dominants dans les lacs tempérés tandis que les filtreurs omnivores qui consomment le phytoplancton et le seston pélagique, en plus du zooplancton, dominent les communautés piscicoles des lacs tropicaux (Carmouze *et al.,* 1983).

CHAPITRE II : ZONE D'ETUDE, MATERIEL ET METHODES

II.1. Zone d'étude

II.1.1. Présentation de la Région d'étude

La Région de l'Est-Cameroun est située entre les 2e et 6e degrés de latitude Nord et les 12e et 16e degrés de longitude Est. Elle est limitée au Nord par la Région de l'Adamaoua, à l'Ouest par les Régions du Centre et du Sud, à l'Est par la République Centrafricaine et au Sud par la République du Congo. Le relief de la Région est dominé par le plateau Sud-Camerounais constitué de vastes pénéplaines dont l'altitude varie entre 0 et environ 1000 m (Segalen, 1967). La superficie est d'environ 109 002 Km^2, avec trois grands domaines de végétation : la zone forestière qui couvre 70 851,3 Km^2 (soit 65 % de la superficie de la Région), la zone de transition entre la forêt et la savane qui s'étend sur 22 890,4 Km^2 et la zone de savane dont la superficie est estimée à 15 260,3 Km^2 (BUCREP, 2010). Le réseau hydrographique de la Région est composé de 6 fleuves qui font partie de deux des trois principaux bassins hydrographiques du pays (Olivry, 1986) :

- le bassin de l'Atlantique regroupant 3 fleuves (Lom, Djérem, Nyong) ;
- le bassin du Congo avec la Kadey, la Boumba et le Ngoko.

Sur le plan géomorphologique, la Région de l'Est fait partie du complexe de base de l'Afrique Centrale, caractérisé par la présence de sédiments et de roches cristallines du précambrien (Segalen, 1967). Sur le plan pédologique, elle est formée des sols ferralitiques rouges peu fertiles sur les interfluves et rouges-bruns très fertiles dans les fonds des vallées (Segalen, 1967). Sur le plan agronomique, les conditions de fertilité des sols sont favorables à l'agriculture, mais nécessitent parfois un apport d'engrais pour une culture intensive (Kamgho Tezanou, 2010).

II.1.1.1. Présentation du site d'étude

La ville de Bertoua représentant le site de cette étude se trouve dans le Département du Lom et Djérem (Figure 9). Elle est située à 350 Km de Yaoundé avec une superficie de 109 Km^2, une population estimée à environ 794 963 habitants pour une densité de 7293 hab./Km^2 (BUCREP, 2010). Cette localité occupe une partie du plateau Sud-Camerounais dont l'altitude varie entre 400 et 900 m (Segalen, 1967). Elle est drainée du Nord au Sud par plusieurs cours d'eau. Les activités économiques tournent principalement autour de l'agriculture, l'exploitation forestière, l'élevage et l'exploitation minière (Kamgho Tezanou, 2010). Sa situation géographique fait d'elle le principal pôle de développement de la Région. La population active est constituée en majeure partie des jeunes dont les activités principales tournent autour de l'aquaculture, le transport et les travaux champêtres.

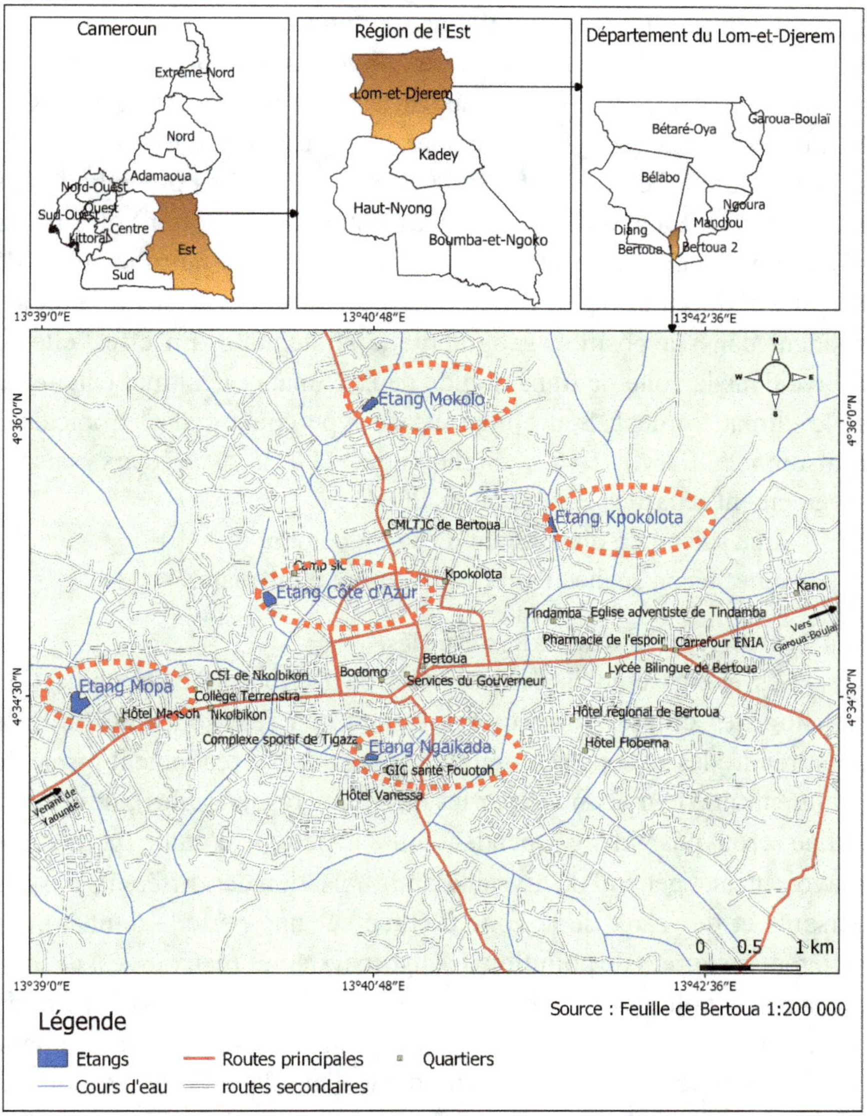

Figure 9: Localisation géographique des étangs de barrage étudiés dans la ville de Bertoua.

II.1.1.2. Climatologie de la ville de Bertoua

La ville de Bertoua a un réseau hydrographique très important constitué de quelques cours d'eau sur lesquels de nombreux étangs de barrage ont été aménagés. La température y est élevée tout au long de l'année et oscille entre 18 et 30°C (Suchel, 1972). Les précipitations y sont relativement abondantes (1500 à 2000 mm de pluie/an) offrant des conditions idéales pour cultiver une gamme variée de tubercules, de céréales et de fruits toute l'année. Les spécificités du climat de la région résident dans sa position géographique stratégique. En effet, elle se trouve dans la zone de transition de deux climats : le climat équatorial et le climat tropical. Son climat est de type équatorial et tropical de transition (Olivry, 1986 ; Sighomnou, 2004), avec deux saisons inégalement réparties (Sighomnou, 2004) :

- une saison de pluie allant d'avril à octobre ;
- une saison sèche allant de novembre à mi-mars.

II.1.2. Description des étangs étudiés

Les étangs étudiés dans la ville de Bertoua ont été choisis en fonction des critères suivant: des étangs non fonctionnalité (afin de comprendre les raisons écologiques de leur faible rendement piscicole ayant entraîné leur abandon par les différents responsables), des étangs qui ne seront pas vidangés pendant toute la période d'étude (permettant d'avoir un état général du niveau d'anthropisation des différents bassins versants et des eaux de la zone d'étude sur une période donnée), les différentes sources de pollution des hydrosystèmes (eaux usées, déchets ménagers, pollution agricoles, dépôts d'ordure,...), la position géographique des étangs étudiés pour s'assurer une bonne représentativité spatiale des plans d'eau dans la ville de Bertoua et l'intérêt des eaux des étangs pour les populations riveraines à d'autres activités (lessive, ménage, activités agricoles, abreuvement des animaux, construction des habitations...).

II.1.2.1. Etang Mokolo

L'étang Mokolo est un étang de barrage situé au quartier dit « Mokolo » à l'extrémité Nord de la ville de Bertoua. Les coordonnées géographiques prises avec un récepteur *GPS* de marque Garmin MAP 76 donnent 04°36'065" de latitude Nord, 013°40'759" de longitude Est et 658 m d'altitude (Tableau II). C'est un étang abandonné, non entretenu (Figure 10A et 10B). La faune ichtyologique est constituée essentiellement des espèces *Clarias gariepinus* (Silure) (Burchell, 1822), *Cyprinus carpio* (Carpe) (Linnaeus, 1758) et *Heterotis niloticus* (Kanga) (Curvier, 1829) (Tableau III). Les eaux de cet étang sont utilisées par les populations riveraines pour des besoins domestiques (Figure 10B) comme la lessive, la vaisselle, le rouissage de manioc, le lavage des véhicules et l'abreuvage des animaux. Il est surtout caractérisé par une forte végétation d'arbres, d'arbustes et de plantes aquatiques flottantes (*Typha latifolia*) qui prolifèrent au niveau des berges (Figure 10A et 10B). Les sources de pollution proviennent essentiellement d'une ferme située en amont de l'étang, du rouissage de manioc, des eaux usées ménagères et des plantations situées dans le bassin versant.

Figure 10: Vues partielles de l'étang Mokolo de Bertoua : A- Situation générale ; B- Herbier et pollution.

II.1.2.2. Etang Mopa

L'étang Mopa est un étang de barrage situé au quartier dit « Nkolbikon » à l'extrémité Ouest de la ville de Bertoua. Les coordonnées géographiques donnent 04°34'408" de latitude Nord, 013°39'188" de longitude Est et 650 m d'altitude (Tableau II). C'est un étang non fonctionnel, pas entretenu, caractérisé par de nombreuses plantes principalement les espèces *Nymphaea lotus* et *Pistia stratiotes*

(Figure 11B) qui recouvrent une partie de la surface de l'étang empêchant une meilleure pénétration de la lumière. Les espèces de poissons *Heterotis niloticus*, *Cyprinus carpio*, *Clarias gariepinus* et *Oreochromis niloticus* (Tableau III) sont régulièrement trouvées.

Figure 11: Vues partielles de l'étang Mopa de Bertoua : A- Situation générale ; B- Avancée des Nénuphars.

Une grande partie de la surface de l'étang reste impraticable à cause du très grand nombre d'arbres et arbustes qui lors de l'abattage sont retombés dans l'étang rendant la navigation impossible sur sa partie supérieure. Les principales sources de pollution de l'étang proviennent des plantations et des habitations du bassin versant (Figure 11A et 11B).

II.1.2.3. Etang Côte d'azur

L'étang Côte d'azur est un étang de barrage non entretenu situé au quartier dit « Nkolbikon » de la ville de Bertoua. Les coordonnées géographiques donnent 04°34'992" de latitude Nord, 013°40'237" de longitude Est et 654 m d'altitude (Tableau II). C'est une grande étendue d'eau caractérisée par de nombreuses plantes aquatiques flottantes (*Nymphaea lotus*, *Pistia stratiotes…*), qui recouvrent une partie de la surface de l'étang et une forte végétation d'arbres, d'arbustes et de plantes qui prolifèrent au niveau des berges tout autour de l'étang (Figure 12A et 12B). Les poissons *Clarias gariepinus*, *Heterotis niloticus*, *Cyprinus carpio et Oreochromis niloticus* (Tableau III) sont les espèces fréquemment rencontrées. La présence d'un moine sur la partie inférieure de l'étang permet de réguler le trop plein d'eau tout en empêchant une inondation de la route qui relie la périphérie au centre-ville (Figure 12B). Les principales sources de pollution de l'étang proviennent des plantations et des habitations du bassin versant.

Figure 12: Vues partielles de l'étang Côte d'azur de Bertoua : A- Situation générale ; B- Moine et herbier autour de l'étang.

II.1.2.4. Etang Ngaikada

L'étang Ngaikada est un étang de barrage non entretenu situé au quartier dit « Itali » à l'extrémité sud de la ville de Bertoua. Les coordonnées géographiques donnent 04°34'175" de latitude Nord, 013°40'759" de longitude Est et 655 m d'altitude (Tableau II). Les poissons régulièrement rencontrés sont les espèces *Clarias gariepinus*, *Heterotis niloticus* et *Cyprinus carpio* (Tableau III). Les eaux de cet étang sont utilisées par les populations riveraines pour la construction des habitations situées à proximité ainsi que pour l'abreuvement des animaux. L'étang est surtout caractérisé par une forte végétation de plantes aquatiques (*Nymphaea lotus*, *Pistia stratiotes*...) qui recouvrent sa surface (Figure 13A et 13B). On note aussi la présence de petits îlots caractéristiques de l'état d'envasement de l'étang et de nombreux hygrophytes qui rendent l'étang impraticable sur presque toute sa surface. La présence d'un moine sur la partie inférieure de l'étang permet la régulation du trop-plein d'eau tout en empêchant une inondation des habitations situées aux alentours de l'étang (Figure 13B). Les principales sources de pollution proviennent essentiellement des nombreuses habitations et des plantations situées dans le bassin versant (Figure 13A et 13B).

Figure 13: Vues partielles de l'étang Ngaikada de Bertoua : A- Situation générale ; B- Moine, Nénuphars et source de pollution.

II.1.2.5. Etang Kpokolota

L'étang Kpokolota est un étang de barrage situé au quartier dit « Tidamba » à l'extrémité Est de la ville de Bertoua. Les coordonnées géographiques donnent 04°35'432" de latitude Nord, 013°41'770" de longitude Est et 654 m d'altitude (Tableau II). Les eaux de cet étang sont utilisées pour les activités ménagères. L'étang est principalement caractérisé par de nombreuses habitations situées dans le bassin versant (Figure 14A et 14B). Plusieurs espèces de poissons ont été régulièrement rencontrées dans cet étang pendant la période d'échantillonnage constituées principalement de *Clarias gariepinus*, *Heterotis niloticus*, *Cyprinus carpio* et *Oreochromis niloticus* (Tableau III). L'anthropisation ici est surtout marquée par des fosses septiques à fond perdue dont les déchets sont directement déversés dans l'étang. On note la présence d'un moine sur sa partie inférieure permettant de réguler le trop-plein tout en empêchant l'inondation des habitations situées aux abords de l'étang. Les principales sources de pollution proviennent des habitations du bassin versant, des dépôts d'ordures situés à proximité et des plantes qui prolifèrent aux abords de l'étang (Tableau II).

Figure 14: Vues partielles de l'étang Kpokolota de Bertoua : A- Situation générale ; B- Moine, herbier et source de pollution.

Tableau II: Coordonnées géographiques, sources de pollution et plantes aquatiques des étangs étudiés.

Etangs	**Coordonnées *GPS***			**Principales sources de pollution**	**Plantes aquatiques des étangs**
	Latitude (°N)	**Longitude (°E)**	**Altitude (m)**		
Mokolo	04°36'065"	013°40'759"	658	Ferme en amont, activités ménagères, plantations	*Typha latifolia...*
Mopa	04°34'408"	013°39'188"	650	Plantations, habitations	*Nymphaea lotus, Pistia stratiotes...*
Côte d'azur	04°34'992"	013°40'237"	654	Plantations, habitations	*Nymphaea lotus, Pistia stratiotes...*
Ngaikada	04°34'175"	013°40'759"	655	Habitations, plantations, abreuvement des animaux	*Nymphaea lotus, Pistia stratiotes...*
Kpokolota	04°35'432"	013°41'770"	654	Habitations, latrines à fond perdue, dépôts d'ordures	*Typha latifolia...*

Tableau III: Faune ichtyologique identifiée dans les étangs pendant la période d'étude.

Noms communs des poissons	Noms scientifiques	Photos
Silure ou poisson-chat	*Clarias gariepinus* (Burchell, 1822)	
Tilapia du Nil	*Oreochromis niloticus* (Linnaeus, 1758)	
Carpe commune	*Cyprinus carpio* (Linnaeus, 1758)	
Kanga	*Heterotis niloticus* (Cuvier, 1829)	

II.2. MATERIEL ET METHODES

II.2.1. Echantillonnages pour la physicochimie et la biologie

Cette étude ayant pour but d'évaluer la dynamique spatiale et saisonnière des variables abiotiques et biotiques retenues, s'est déroulée en deux phases : une phase préliminaire allant de décembre 2015 à février 2016 (3 mois) consacrée à la prospection des sites et des bassins versants, au choix des étangs et des stations d'échantillonnage. La seconde phase s'est déroulée de mars 2016 à avril 2017 (14 mois) et a permis de collecter les données physicochimiques et biologiques des cinq étangs retenus. Les déplacements sur les étangs ont été effectués à l'aide d'une embarcation de marque Zodiac de type MR II gonflable (Figure 11B, 12A et 14A). Les échantillonnages pour la physicochimie et la biologie ont été effectués selon un pas mensuel avec des prélèvements en surface et en profondeur, puis les données ont été regroupées en saison sèche (SS : 6 mois) et en saison pluvieuse (SP : 8 mois).

Les échantillons pour la physicochimie ont été prélevés à 0,5 m de la surface directement dans les étangs, tandis qu'à environ 1,5 m de profondeur, ces prélèvements ont été effectués à l'aide d'une bouteille de Van Dorn d'une contenance d'environ 6 L, puis transvasés dans des flacons en polyéthylène à double bouchage de 250 et 1000 ml, remplis à ras bord sans faire de bulle, puis conservés et transportés dans des enceintes réfrigérées pour analyse au laboratoire. Ces analyses physicochimiques ont été effectuées suivant les techniques standards et recommandations d'APHA (1998) et Rodier *et al.* (2009).

L'échantillonnage des organismes phytoplanctoniques a été effectué par prélèvement direct à 0,5 m de la surface et à l'aide d'une bouteille de Van Dorn de 6 L à environ 1,5 m de profondeur, puis transvasés dans des flacons en verre transparent et propre de 500 ml. Ces échantillons fixés avec 2,5 ml d'une solution de Lugol, ont été utilisés pour l'identification et le dénombrement des différentes espèces phytoplanctoniques caractéristiques des étangs étudiés. Un deuxième échantillon phytoplanctonique prélevé directement sur les étangs en surface et à l'aide d'une bouteille de Van Dorn en profondeur et non fixé, a été analysée directement de retour au laboratoire afin d'observer les formes vivantes, les mouvements et déplacements.

II.2.2. Analyses morphométrique, physicochimique et pigments photosynthétiques des étangs étudiés

II.2.2.1. Variables morphométriques

La topographie des sols des étangs a été effectuée à l'aide de la bathymétrie afin de mesurer la profondeur de la colonne d'eau et le relief du fond de chaque étang pendant la période d'étude. Elle a été effectuée à l'aide d'un échosondeur couplé à un *GPS* de précision métrique de marque Garmin, munie d'une sonde permettant l'acquisition des données bathymétriques géoréférencées pour chaque étang étudié.

II.2.2.2. Variables physiques

II.2.2.2.1. Température

La température de l'eau a été mesurée sur le terrain (*in situ*) au moyen d'un thermomètre à colonne de mercure gradué au 1/100e de degré et les résultats ont été exprimés en degré Celsius (°C).

II.2.2.2.2. Transparence

La transparence (Z_S) de l'eau a été mesurée à l'aide d'un disque de Secchi blanc d'environ 30 cm de diamètre, lesté et attaché à une corde graduée. Les valeurs ont été exprimées en cm.

II.2.2.2.3. Profondeur

La profondeur de l'étang a été mesurée à l'aide d'une corde lestée et graduée. Les valeurs ont été exprimées en cm.

II.2.3.2.4. Matières En Suspension (MES)

Les Matières En Suspension (MES) ont été déterminées suivant la méthode colorimétrique au spectrophotomètre HACH/DR 2010, à la longueur d'onde de 810 nm. Les résultats ont été exprimés en $mg.L^{-1}$.

II.2.2.2.5. Solides Totaux Dissous (*TDS*)

Les Solides Totaux Dissous ont été mesurés *in situ* à l'aide d'un TDS/Conductimètre portable de marque HANNA Hi 99300 et les résultats exprimés en $mg.L^{-1}$

II.2.2.2.6. Couleur

La couleur a été mesurée à l'aide d'un spectrophotomètre HACH/DR 2010. Les valeurs lues à 455 nm ont été données en Unités Platinium-Cobalt (Pt-Co).

II.2.2.2.7. Turbidité

La turbidité de l'eau a été mesurée à l'aide d'un spectrophotomètre HACH/DR 2010. Elle a été exprimée en Formazine Turbidity Unit (FTU).

II.2.2.3. Variables chimiques

II.2.2.3.1. Potentiel Hydrogène (pH)

Le potentiel d'hydrogène a été mesuré à l'aide d'un pH-mètre de marque SCHOTT GERÄTE CG 812. Les résultats ont été donnés en Unités Conventionnelles (U.C.).

II.2.2.3.2. Conductivité électrique

La conductivité électrique a été déterminée *in situ* à l'aide d'un TDS/Conductimètre portable de marque HANNA Hi 99300 et les résultats exprimés en $\mu S.cm^{-1}$.

II.2.2.3.3. Alcalinité totale (TAC)

Le Titre Alcalimétrique Complet (TAC) a été mesuré par volumétrie. Un échantillon de 50 ml a été titré avec de l'acide sulfurique (H_2SO_4) N/50, en présence du rouge vert de méthylbromocrésol (indicateur coloré). La réaction s'achève lorsque la solution vire du bleu au gris. Les résultats exprimés en $mg.L^{-1}$ ont été obtenus par la formule :

TAC (mg/L) = Descente de burette× 20

II.2.2.3.4. Pourcentage de saturation en oxygène dissous (O_2 dissous)

Les teneurs de l'eau en oxygène dissous ont été mesurées *in situ* au moyen d'un oxymètre de marque HACH HQ14d et les résultats exprimés en pourcentage (%) de saturation d'O_2.

II.2.2.3.5. Dureté calcique

La dureté calcique a été mesurée par complexométrie selon la norme AFNOR NFT 90-003 au moyen du Complexon III. Ainsi, dans 50 ml d'échantillon contenu dans un bécher de 100 ml, 1 ml de KCN 1 %, 2 ml de NaOH 2N et une pincée de l'indicateur coloré H-H-S-N-N [acide2-hydroxy-1-(2-hydroxy-4-sulfo-1-naphtyl-azo) -3-naphtéique] ont respectivement été ajoutés. Le mélange de coloration rose, a été titré à l'Idranal III jusqu'à apparition de la coloration bleue franc. Les résultats ($mg.L^{-1}$ de $CaCO_3$) ont été calculés par la formule :

Dureté calcique (mg/L de $CaCO_3$) = Descente de burette × 20

II.2.2.3.6. Teneur en gaz carbonique dissous (CO_2)

Les teneurs en CO_2 dissous ont été mesurées par volumétrie en deux phases. Sur le terrain, le CO_2 est fixé dans 180 ml d'échantillon contenue dans une fiole jaugée auquel 20 ml d'une solution de NaOH N/20 et 2 à 3 gouttes de phénolphtaléine (indicateur coloré) y sont ajoutés. Le mélange obtenu, de coloration rose, a été conservé dans un flacon en polyéthylène de 250 ml. Au laboratoire, 50 ml de l'échantillon fixés sur le terrain sont titrés à l'acide chlorhydrique N/10 jusqu'à décoloration complète. Le CO_2 dissous exprimé en mg/L a été obtenu par la formule :

[CO_2] ($mg.L^{-1}$) = (Descente de burette du témoin – Descente de burette de l'échantillon) × 17,6

II.2.2.3.7. Différentes formes d'azote

Les différentes formes d'azote ont été dosées au spectrophotomètre HACH DR/2010. L'azote ammoniacal (NH_4^+) a été mesuré par la méthode de Nessler et la lecture a été faite à la longueur d'onde $\lambda = 425$ nm. Les nitrites (NO_2^-) ont été dosés à l'aide du Nitriver III et la lecture a été faite à la longueur d'onde $\lambda = 530$ nm. Quant aux nitrates (NO_3^-), ils ont été dosés au moyen du Nitraver V et la lecture faite à la longueur d'onde $\lambda = 507$ nm. Les résultats ont été exprimés en $mg.L^{-1}$ de NH_4^+, $mg.L^{-1}$ de NO_2^- et $mg.L^{-1}$ de NO_3^- respectivement.

II.2.2.3.8. Orthophosphates (PO_4^{3-})

Les teneurs en orthophosphates ont été dosées par colorimétrie au spectrophotomètre HACH/DR 2010, avec utilisation du Phosver III. La lecture a été faite à la longueur d'onde de $\lambda = 890$ nm et les résultats ont été exprimés en $mg.L^{-1}$ de PO_4^{3-}.

II.2.2.3.9. Oxydabilité

L'oxydabilité a été mesurée par volumétrie. Dans un échantillon de 200 ml on a ajouté 2 ml de carbonate monosodique puis, le tout a été porté à ébullition sur une plaque chauffante. Dès le début de l'ébullition, 20 ml de permanganate de potassium ($KMnO_4$) y ont été ajoutés. L'ensemble est refroidi à l'eau du robinet. Après refroidissement, 5 ml d'acide sulfurique 25 % et 20 ml de sel de Mohr sont ajoutés à la préparation. La solution ainsi constituée a été titrée avec du permanganate de potassium N/80 jusqu'à l'apparition d'une couleur rose persistante. Les résultats exprimés en mg.L^{-1} sont calculés par la formule :

Oxydabilité (mg.L^{-1}) = [(Descente de burette de l'échantillon – Descente de burette du témoin)/2] × 3,95

II.2.2.3.10. Demande Biochimique en Oxygène pendant cinq jours (DBO_5)

La DBO_5 a été mesurée par respirométrie. Au laboratoire, 157 ml d'échantillon contenus dans une bouteille à DBO opaque ont été incubés à 20°C dans un analyseur à DBO de marque LIEBHERN suivant la méthode AFNOR NFT 90-103. Deux à trois pastilles de KOH ont été introduits dans le bouchon creux de la bouteille pour absorber le CO_2 dégagé. La montée du mercure dans le tube du manomètre correspondant à la quantité d'O_2 consommée par les bactéries aérobies pour décomposer la matière organique a été lue pendant 5 jours. Les résultats ont été exprimés en mg.L^{-1} d'O_2.

II.2.2.4. Détermination des teneurs en chlorophylle 'a', 'b', 'c' et phéopigments

Au laboratoire, 200 ml de chaque échantillon ont été filtrés à l'aide d'un dispositif de filtration sous vide à travers des membranes en fibre de verre de type Whatmann GF/C de 0,45 µm de porosité. L'extraction des pigments a été faite au réfrigérateur, dans un tube à essai contenant 10 ml d'une solution d'acétone à 90 % à l'obscurité pendant au moins 24 h. Chaque tube à essai débarrassé de la membrane filtrante a été soumis à 15 mn de centrifugation à 400 tr/mn. La densité optique du surnageant a été lue au spectrophotomètre HACH DR/2010 aux longueurs d'ondes 630 nm, 645 nm et 663 nm respectivement pour le calcul des teneurs en chlorophylles 'a', 'b' et 'c'. Pour les phéopigments, après centrifugation, les échantillons ont été lus aux longueurs d'ondes 665 nm et 750 nm avant et 90 secondes après acidification avec 0,1 ml d'acide chlorhydrique. Le témoin contenant 10 ml d'acétone à 90 % a été réalisé dans les mêmes conditions que les échantillons. Les teneurs en chlorophylles 'a', 'b' et 'c'et en phéopigments ont été calculées à l'aide des équations suivantes (SCOR-UNESCO, 1966) :

Chl 'a' (µg.L^{-1}) $= \frac{[(11{,}64 \times DO663) - (2{,}16 \times DO645) - (0{,}10 \times DO630)] \times v}{V \times l}$

Chl 'b' (µg.L^{-1}) $= \frac{[(20{,}97 \times DO645) - (3{,}94 \times DO663) - (3{,}66 \times DO630)] \times v}{V \times l}$

Chl 'c' (µg.L^{-1}) $= \frac{[(54{,}22 \times DO630) - (14{,}81 \times DO645) - (5{,}53 \times DO663)] \times v}{V \times l}$

Phéo (µg.L^{-1}) $= \frac{26{,}7[1{,}7 \times (Ao665 - Ao750) - (Aa665 - Aa750)] \times v}{V \times l}$

Avec, DO = Densité Optique ; Phéo = Phéopigments ;

Chl 'a' = chlorophylle 'a'; v = volume de l'extrait acétonique (ml) ;

Chl 'b' = chlorophylle 'b'; l = longueur du trajet optique en cm ;

Chl 'c' = chlorophylle 'c' ; V = volume de l'échantillon filtré en L.

Ao 665 et Ao 750 = Absorbances à 665 et 750 nm avant acidification ;

Aa 665 et Aa 750 = Absorbances à 665 et 750 nm après acidification ;

26,7 = A*K

A : coefficient d'absorption de la chlorophylle ;

K : facteur de compensation de la réduction de l'absorbance.

II.2.2.5. Indice de Pollution Organique (IPO)

L'Indice de Pollution Organique (Leclercq, 2001) a été calculé pour rendre compte de manière synthétique du degré de pollution organique des eaux des étangs pendant l'étude. Le calcul de cet indice est basé sur quatre paramètres : NH_4^+, NO_2^-, PO_4^{3-} et DBO_5. Même si le seul paramètre en relation directe avec la pollution organique est la DBO_5, on considère que les autres paramètres qui sont des formes minérales résultent directement de la minéralisation de la matière organique et reflètent assez bien ce type de pollution. Pour chacun des paramètres, cinq classes de teneurs ayant une signification écologique sont ainsi définies (Tableau IV) (Leclercq, 2001 modifié). L'IPO correspond à la moyenne des numéros de classe de chaque paramètre et les valeurs obtenues sont réparties en 5 niveaux de pollution (Tableau IV).

Tableau IV: Classes de l'Indice de Pollution Organique (IPO) en fonction des valeurs limites de chaque paramètre (Leclercq, 2001 modifié).

Classes	**Moyennes des classes**	**Paramètres**			
		DBO_5 (mg/L)	**NH_4^+ (µg/L)**	**NO_2^- (µg/L)**	**PO_4^{3-} (µg/L)**
Nulle (5)	4,6 - 5	< 2	< 0,1	≤ 5	≤ 15
Faible (4)	4 – 4,5	2-5	0,1 - 0,9	6-10	16 - 75
Modérée	3 - 3,9	5,1-10	1 - 2,4	11-50	76 - 250
Forte (2)	2 – 2,9	10,1 – 15	2,5 - 6	51 - 150	251 - 900
Très forte	1 - 1,9	>15	> 6	> 150	> 900

II.2.2.6. Facteur limitant de l'eutrophisation (N/P)

Le Rapport N/P qui indique la carence en nutriments, est souvent utilisé pour expliquer la dynamique des communautés planctoniques (Redfield *et al.*, 1963 ; Sommer, 1989). L'identification d'un élément nutritif limitant dans la gestion des plans d'eau est essentielle pour la planification des mesures effectives contre l'eutrophisation (Ryding et Rast, 1994). Son importance relative, comparée à d'autres facteurs comme la pression de broutage, l'intensité lumineuse ou la stabilité de la colonne d'eau, diffère selon les plans d'eau et change considérablement durant le cycle annuel (Reynolds, 1998). La production primaire dans les hydrosystèmes est sujette à la limitation par le phosphore, l'azote ou les deux (Hellström, 1996). La détermination de l'élément principal à la base de l'eutrophisation des étangs a été calculé par le ratio N/P (azote/phosphore). Les concentrations d'azote [N] ont été obtenues en sommant les concentrations de nitrate [NO_3^-], nitrite [NO_2^-] et azote ammoniacal [NH_4^+], tandis que les concentrations en phosphore [P] représentent les concentrations d'orthophosphates [PO_4^{3-}] :

$$\mathbf{[N] = [NO_3^-] + [NO_2^-] + [NH_4^+]}$$
$$\mathbf{[P] = [PO_4^{3-}]}$$

Les valeurs du ratio N/P obtenues ont ensuite été comparées à la valeur du ratio standard de Redfield qui est de N/P = 16. L'azote ou le phosphore ou les deux éléments seront limitants respectivement si le ratio N/P est inférieur, supérieur ou égal à 16.

II.2.2.7. Evaluation des degrés de trophie des étangs

II.2.2.7.1. Indice d'état trophique (*TSI*) de Carlson

L'indice d'état trophique (*TSI*) de Carlson (1977) découle des modèles mathématiques basés sur trois variables : la transparence (t), la chlorophylle 'a' (chl 'a') et la concentration en orthophosphates (PO_4^{3-}). Chacune de ces variables fournit ses propres conclusions sur une échelle trophique. Les indices sont calculés à partir des trois (03) équations suivantes :

$$\boldsymbol{TSI}\ \mathbf{(t) = 60 - 14{,}41 \times \ln (t)}$$
$$\boldsymbol{TSI}\ \mathbf{(chl\ 'a') = 30{,}6 + 9{,}81 \times \ln (chl\ 'a')}$$
$$\boldsymbol{TSI}\ \mathbf{(PO_4^{3-}) = 4{,}15 + 14{,}42 \times \ln (PO_4^{3-})}$$

La moyenne des indices issus des trois variables indique une position plus précise de l'état trophique. Elle se calcule comme suit :

$$\boldsymbol{TSI} = \mathbf{[(}\boldsymbol{TSI}\ \mathbf{(t)} + \boldsymbol{TSI}\ \mathbf{(chl\ 'a')} + \boldsymbol{TSI}\ \mathbf{(PO_4^{3-})] / 3}$$

L'échelle de Carlson (1977) concluant sur le niveau trophique de chaque étang est un ensemble d'indices variant de 0 à 100 et indiquant l'état trophique (Tableau V).

Tableau V: Valeurs limites de classification trophique des eaux selon Carlson (1977).

TSI	[0 - 39]	[40 - 49]	[50 - 69]	[70 - 100]
Niveau trophique	Oligotrophe	Mésotrophe	Eutrophe	Hypereutrophe

II.2.2.7.2. Système de classification trophique de l'O.C.D.E.

Le système de classification de l'O.C.D.E. utilisant plusieurs paramètres a permis de caractériser l'état trophique des étangs (Tableau VI). Ce système combine l'information sur l'état des nutriments et la biomasse algale et fournit une base pour l'évaluation et la tendance de l'état trophique des plans d'eaux. L'information acquise permet l'échange et la comparaison au niveau international (Bartram *et al.*, 1999). Les paramètres qui sont couramment utilisés sont :

- les orthophosphates (PO_4^{3-}) qui sont la forme de phosphate directement utilisable et dont la teneur limite favorise la croissance des algues et des plantes aquatiques ;

- la chlorophylle 'a' qui est un indicateur de la biomasse d'algues microscopiques ;

- la transparence de l'eau qui diminue avec l'augmentation de la quantité d'algues.

Tableau VI: Valeurs limites du système de classification trophique des eaux selon l'O.C.D.E. (1982). moy. : valeur moyenne ; max. : valeur maximale ; min. : valeur minimale.

Etat trophique	**PO_4^{3-} moy. (µg.L^{-1})**	**Chl 'a' moy. (µg.L^{-1})**	**Chl 'a' max. (µg.L^{-1})**	**Secchi moy. (m)**	**Secchi min. (m)**
Oligotrophe	< 10	< 2,5	2,5 - 8	> 6	> 3
Mésotrophe	10 - 35	2,5 - 8	8 - 25	6 - 3	3 – 1,5
Eutrophe	35 - 100	8 - 25	25 - 75	3 – 1,5	1,5 – 0,7
Hypereutrophe	> 100	> 25	> 75	< 1,5	< 0,7

II.2.3. Organismes phytoplanctoniques des étangs étudiés

II.2.3.1. Analyse qualitative

Apres échantillonnage, une première observation destinée à la systématique des algues a été réalisée au microscope ordinaire IVYMEN sur l'échantillon non fixé afin d'observer les organismes vivants, les mouvements et les déplacements des algues. Les taxa ont été identifiés le plus finement possible grâce aux ouvrages spécialisés de Bourrelly (1966, 1968, 1970, 1985a, 1985b, 1985c et 1990), Branco et Senna (1991), ainsi que les ouvrages et publications traitant de la taxonomie du phytoplancton tels que Compère (1974, 1975 et 1976), Iltis (1980), Couté et Iltis (1981), Kemka (2000), Couté et Bernard (2001), Couté et Perrette (2011), Felisberto et Rodrigues (2013) et Santos *et al.* (2014). Les organismes identifiés ont été regroupés selon des critères morphologiques, cytologiques, biochimiques et reproductifs en 8 principales classes phytoplanctoniques (Rolland, 2009) : les Chlorophycées, les Chrysophycées, les Cryptophycées, les Cyanophycées, les Diatomées, les Dinophycées, les Euglénophycées et les Xanthophycées.

La richesse spécifique (S) de chaque étang qui indique le nombre total d'espèces dans le milieu et qui renseigne sur la variabilité des niches écologiques de l'hydrosystème a été évaluée.

II.2.3.2. Analyse quantitative

II.2.3.2.1. Densité des organismes

Le comptage des cellules a été réalisé sur des échantillons fixés avec du Lugol à 0,5 % de concentration finale, au microscope inversé OLYMPUS CK2, au grossissement de 400x, par la méthode Utermöhl (1958), avec des balayages de gauche à droite et inversement de la surface de la cellule de comptage avec alternance de transects. Pour une bonne représentativité, les échantillons ont été concentrés préalablement. Ce procédé a consisté à laisser sédimenter les algues contenues dans 500 ml d'échantillon pendant au moins 48 heures. Après sédimentation, le surnageant a été délicatement enlevé et le sous-échantillon d'environ 10 ml, plus dense et essentiellement constitué du seston a été conservé. Après homogénéisation, 1 ml du sous-échantillon a été pipeté puis observé dans une cellule de comptage de type Sedgewick-Rafter. Le comptage a été fait en duplicata afin de minimiser les risques d'erreur et l'identification d'au moins 400 individus par échantillon a été recommandé pour une exactitude de +/- 95 % (APHA, 1998). En raison de la richesse de certains échantillons en particules et en organismes, une dilution au 1/10ème ou 1/20ème à l'eau distillée a été indispensable pour faciliter les comptages.

La répartition des organismes à la surface de la cellule de comptage étant aléatoire, le comptage débute systématiquement au niveau de la partie gauche de la cellule et se termine au niveau de sa partie droite. La densité a été calculée par la formule de Utermöhl (1958) :

$$D = Ni \times S \times 1000 / (v \times s)$$

D = Densité (ind./L) ;
S = surface de la cellule de comptage (100 mm^2) ;
Ni = nombre d'individus comptés pour une espèce ;
s = surface totale du champ compté ;
v = volume d'échantillon sédimenté (10 ml).
1000 = facteur de conversion

II.2.3.2.2. Abondance relative (Nr) et Fréquence d'occurrence (F)

L'abondance relative (Nr) a été calculée pour chaque étang par la relation :

$$\mathbf{Nr} = \frac{ni}{N} \times 100$$

ni = nombre total d'individus récoltés appartenant au taxon i ;

N = nombre total d'individus récoltés.

La fréquence d'occurrence (F) exprimée en pourcentage, renseigne sur la constance d'une espèce ou d'un taxon dans un habitat donné sans aucune indication sur son importance quantitative (Dajoz, 2000). Ce nombre est exprimé en pourcentage du nombre total de prélèvements et donne des informations sur les espèces fréquemment rencontrées dans un hydrosystème sans aucune indication sur l'importance quantitative des espèces rencontrées. Elle se calcule comme suit (Dufrêne et Legendre, 1997) :

$$\mathbf{F} = \frac{\boldsymbol{Fi}}{\boldsymbol{Ft}} \times \mathbf{100}$$

Fi = nombre de relevés contenant l'espèce i ;
Ft = nombre total de prélèvements effectués.

Selon la valeur de la fréquence, cinq catégories d'espèces sont définies suivant la classification de Dufrêne et Legendre (1997) :

F = 100 % : espèces omniprésentes (*****) ;
75 % ≤ F < 100 % : espèces régulières (****) ;
50 % ≤ F < 75 % : espèces constantes (***) ;
25 % ≤ F < 50 % : espèces accessoires (**) ;
F < 25 % : espèces rares (*).

II.2.3.2.3. Calcul de la biomasse phytoplanctonique par dosage de la chlorophylle 'a'

La chlorophylle 'a', présente dans tous les groupes d'algues, est le pigment photosynthétique le plus abondant. PAGES (1991) estime que le phytoplancton en tant que convertisseur de l'énergie lumineuse, serait mieux décrit par les pigments photosynthétiques. La transformation des teneurs de chlorophylle 'a' (chl 'a') en carbone (C) à la suite des travaux de Ryther *et al.,* (1971) ; Reimann *et al.,* (1982) ; Dessery *et al.,* (1984) et de Aleya et Devaux (1989) a été faite par la formule : **C = [chlorophylle 'a'] x 30**. Le carbone (C) représentant environ 12% du poids frais d'une cellule (Strathmann, 1967 ; Hamilton et Holm-Hansen, 1967 ; Pridmore et Hewitt, 1984), la biomasse phytoplanctonique a été calculée par la formule que nous proposons ci-dessous :

$$\mathbf{Biomasse}\ (\mu\mathbf{g/L}) = \frac{\mathbf{C \times 100}}{\mathbf{12}} = \frac{[\mathbf{chl}\ '\mathbf{a}'] \times \mathbf{30} \times \mathbf{100}}{\mathbf{12}}$$
$$= [\mathbf{chl}\ '\mathbf{a}'] \times \mathbf{250}$$

[chl 'a'] = teneurs en chlorophylle 'a' ;
C = masse de carbone phytoplanctonique ;
250 = Coefficient de conversion.

II.2.3.2.4. Coefficient de similarité de Sörensen (S)

La similarité de Sörensen (1948) a été calculée pour déterminer le taux de ressemblance entre les peuplements phytoplanctoniques récoltés dans les différents étangs par la formule :

$$\mathbf{S} = \frac{\mathbf{2c}}{(\mathbf{a} + \mathbf{b})} \times \mathbf{100}$$

S = coefficient de similarité de Sörensen ;
a = nombre de taxa présents dans l'étang 1 ;
b = nombre de taxa présents dans l'étang 2 ;
c = nombre de taxa communs aux deux étangs.

Le coefficient de similarité de Sörensen varie de 0 % quand il n'y a pas d'espèces communes entre les deux étangs considérés à 100 % lorsque toutes les espèces sont communes aux deux étangs (Pedel et Fabri, 2012).

II.2.3.2.5. Indice de diversité de Shannon et Weaver (H')

L'indice de diversité de Shannon et Weaver (1963) a permis d'évaluer la stabilité de la structure des communautés phytoplanctoniques (Elber et Schanz, 1989). Il a été utilisé pour mettre en évidence la diversité globale des peuplements et leur degré d'organisation (Tonkin *et al.,* 2013). Cet indice se calcule selon la formule :

$$H' = -\sum_{i=1}^{S}(p_i \log_2 p_i)$$

p_i = proportion de chaque espèce ou taxon dans le peuplement ;
S = nombre total d'espèces ou de taxa ;
H' = indice de diversité de Shannon et Weaver (bits/ind).

La diversité est grande lorsque H' tend vers Log_2S (H'max.) (Lévêque et Balian, 2005). L'indice de diversité de Shannon et Weaver étant plus sensible aux variations d'importance des espèces rares, d'autres indices de diversités (Simpson et Hill) ont été calculés.

II.2.3.2.6. Indice de diversité de Simpson (D)

L'indice de diversité de Simpson (1965) mesure la probabilité que deux individus sélectionnés au hasard appartiennent à la même espèce et permet d'exprimer la dominance d'une espèce lorsqu'il tend vers 0, ou la codominance de plusieurs espèces lorsqu'il tend vers 1. Sa formule est :

$$D = 1 - \Sigma \{[ni\ (ni - 1] / [N\ (N - 1]\}$$

D = indice de diversité de Simpson ;
ni = nombre d'individus de l'espèce donnée ;
N = nombre total d'individus.

Cet autre indice donne plus de poids aux espèces les plus abondantes, et l'ajout d'espèces rares à un échantillon ne modifie pratiquement pas sa valeur. Un indice de diversité synthétique (Hill) a alors été calculé.

II.2.3.2.7. Indice de diversité de Hill

L'indice de diversité de Hill (1973) semble plus pertinent dans la mesure où il intègre les deux autres indices (Hill, 1973). En utilisant la sensibilité de l'indice de diversité de Shannon et Weaver (1963) aux effectifs des espèces rares, et la sensibilité de l'indice de diversité de Simpson (1965) aux effectifs des espèces abondantes, l'indice de Hill semble plus synthétique. Plusieurs auteurs recommandent leur utilisation de manière concomitante pour une étude plus complète des informations concernant la structure des communautés (Routledge, 1979). La diversité de Hill maximale est représentée par la valeur 1 et la diversité minimale par la valeur 0 d'après la formule (Hill, 1973) :

$$\mathbf{Hill = 1 - [(1/D) / e^{H'}]}$$

1/D = inverse de l'indice de Simpson. Il va permettre de mesurer la diversité des espèces abondantes ;

$e^{H'}$ = exponentiel de l'indice de diversité de Shannon-Weaver. Il va permettre de mesurer la diversité des espèces rares.

II.2.3.2.8. Indice d'équitabilité de Piélou (E)

L'indice d'équitabilité de Piélou (1966) permet d'étudier la régularité de la distribution des espèces. C'est le rapport entre la diversité réelle et la diversité maximale observée. La régularité suppose une équirépartition des individus entre les espèces présentes. Elle a été calculée selon l'équation :

$$\mathbf{E = \frac{H'}{Log_2 S}}$$

H' : indice de diversité de Shannon et Weaver ;
S : richesse spécifique.

L'indice d'équitabilité de Piélou varie entre 0 et 1 et traduit le degré d'organisation d'un peuplement (Dajoz, 2000). Il est proche de 1 quand toutes les espèces tendent à avoir la même abondance et proche de 0 quand une ou quelques espèces dominent le peuplement. L'équitabilité est faible lorsque $E < 0,6$ et on conclut que peu d'espèces concentrent la majorité des individus du milieu. Cependant, lorsque $E > 0,8$, on déduit que le milieu n'est pas spécialisé et donc les abondances sont bien réparties au sein des espèces (Djego *et al.,* 2012).

II.2.3.2.9. Indice de raréfaction de Hurlbert (r)

L'indice de raréfaction de Hurlbert (1971) estime le nombre d'espèces pour un certain nombre d'individus. En supposant que les rencontres sont aléatoires et représentent une unité de compétition, il mesure la probabilité que deux organismes qui se rencontrent appartiennent à des espèces différentes en évaluant l'importance de la compétition interspécifique relative à la concurrence totale (Hurlbert, 1971). C'est une méthode qui présente l'avantage de décrire les changements progressifs s'effectuant dans le temps ou dans l'espace (Pearson et Rosenberg, 1978) en restant indépendant de la taille de l'échantillon. Sa formule est :

$$\mathbf{r = \frac{H' - H'min}{H'max - H'min}}$$

H' = indice de diversité de Shannon et Weaver ;

H'max = Log_2 S;

$$H'min = \frac{Log2N - [(N - S + 1) \times Log2(N - (S + 1)]}{N}$$

N = abondance totale ;

S = richesse spécifique.

II.2.3.2.10. Diagramme Rang-Fréquence (DRF)

Le Diagramme Rang-Fréquence (Frontier, 1976) pour chaque étang a été tracé pour évaluer le degré de maturité des peuplements et la succession des stades évolutifs (Figure 15) en saison sèche et en saison pluvieuse. Il a permis de visualiser la hiérarchie numérique entre les différentes espèces de chaque peuplement (Frontier, 1976) dans le but d'apporter une expression complémentaire quant à la structuration des communautés. Pour établir ce diagramme, les espèces de chaque étang ont été classées selon leur densité, par ordre décroissant de leurs fréquences relatives et un rang a été attribué à chacune d'elles. Les stades ont été définis en fonction de l'allure des courbes obtenues par construction des DRF et à l'aide de l'interprétation de Frontier (1976) (Figure 15) :

- Stade 1 (début de succession) : la courbe montre une allure concave vers le haut dans sa partie gauche, indiquant la prédominance d'un très petit nombre d'espèces. Puis elle subit une inflexion, et devient convexe dans sa partie droite, et enfin, chute rapidement pour les espèces rares. La diversité est faible. Au cours de la succession, la partie convexe gagne vers la gauche. Les espèces fréquentes deviennent nombreuses et d'abondances plus uniformes. La diversité augmente et la chute brutale des espèces rares persiste.

- Stade 2 (maturité du système) : la courbe devient entièrement convexe, se rapprochant de la distribution en bâton brisé. Cependant, les espèces fréquentes sont toujours plus fréquentes et les espèces rares moins fréquentes. La diversité est maximale.

- Stade 3 (fin de succession) : le diagramme devient sensiblement rectiligne par augmentation des espèces les plus abondantes du peuplement précédent. On observe parfois une flexure vers le bas dans la partie gauche. La diversité a diminué par rapport au stade précédent. On peut y voir soit un « vieillissement » de l'écosystème : la diversité diminue, car certaines espèces deviennent mal contrôlées et ont tendance à monopoliser l'espace comme en début de succession ; soit un changement d'échelle de la diversité.

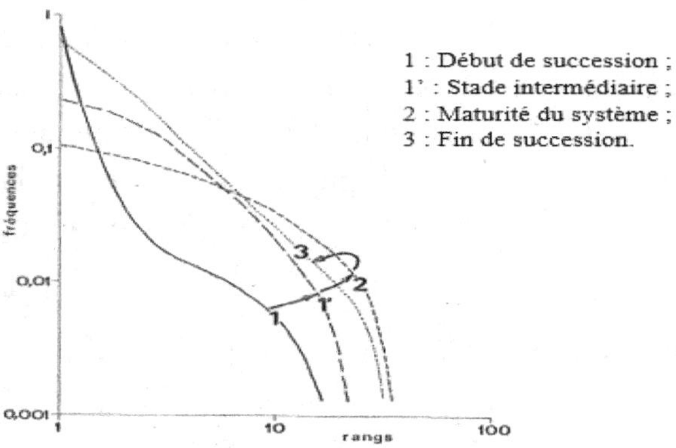

Figure 15: Evolution théorique des courbes du diagramme rang-fréquence selon les stades d'une succession écologique (Frontier, 1976).

II.2.4. Analyse statistique des données

II.2.4.1. Test H de Kruskal-Wallis et U de Mann-Whitney

Les tests H de Kruskal-Wallis et U de Mann-Whitney ont été utilisés pour comparer les valeurs des paramètres physicochimiques et la structure des peuplements des différents étangs étudiés. Les différences ont été considérées comme significatives à $p < 0{,}05^*$. Le test non paramétrique de Kruskal-Wallis a été utilisé pour vérifier sur le plan spatial, la signification des différences (ou similarités) de variances des paramètres biotiques et abiotiques. Chaque fois que le test de Kruskal-Wallis a montré une différence significative entre les variances des échantillons comparés, le test U de Mann-Whitney (comparaison 2 à 2) a été utilisé afin d'isoler les échantillons qui ont différés significativement. Ces analyses ont été effectuées à l'aide des logiciels *GraphPad Prism* 8.0 et *PAST* 3.24.

II.2.4.2. Classification Ascendante Hiérarchique (CAH)

Le principe de la Classification Ascendante Hiérarchique (CAH) est de regrouper des individus selon leurs ressemblances et les représenter sous la forme d'un arbre de classification (Ward, 1963). Le nombre de groupes n'est pas connu à priori. La CAH a été utilisée pour regrouper les étangs en fonction de leurs similarités abiotiques d'une part, et de leurs similarités phytoplanctoniques sur la base des densités moyennes des taxa d'autre part. La classification a été ascendante car elle part des observations individuelles ; elle a été hiérarchique car elle produit des classes ou groupes de plus en plus vastes, incluant des sous-groupes en leurs seins. Cette analyse a été effectuée à l'aide du logiciel statistique *XLSTAT* 2018.

II.2.4.3. Analyse en Composantes Principales (ACP)

L'Analyse en Composantes Principales (ACP) est une méthode de statistique factorielle descriptive qui a pour objectif de présenter sous forme graphique, le maximum d'informations contenues dans un tableau de données de taille importante (Philippeau, 1992). La matrice de données est composée des échantillons « n » en ligne sur lesquels ont été mesurés des variables quantitatives « p » disposées en colonnes.

L'ACP a été utilisée pour établir la typologie abiotique et biotique des échantillons sur la base de l'ensemble des paramètres environnementaux mesurés et des densités phytoplanctoniques récoltées. Cette analyse a été effectuée à l'aide du logiciel *XLSTAT* 2018.

II.2.4.4. Test de corrélations de Spearman

Le coefficient de corrélation de rang de Spearman (1961) a été calculé pour mesurer les degrés de liaison entre les variables abiotiques d'une part, et entre les variables abiotiques et biotiques d'autre part. Cette analyse a été effectuée à l'aide du logiciel *SPSS* 20.0. Notons que le code (*) signifiera une corrélation significative au seuil de 5 % (P < 0,05*) et le code (**) une corrélation significative au seuil de 1 % (P < 0,01**). Ce coefficient a été calculé selon la formule de Spearman (1961) :

$$\rho = 1 - \frac{6\sum_{i=1}^{n} d_i^2}{n^3 - n}$$

- n = nombre total d'observations ;
- d_i = différence entre les rangs des deux séries de mesures considérées.

II.2.4.5. Analyse de Redondance (RDA)

L'Analyse de Redondance (RDA) est une technique directe d'analyse multivariée dont certains auteurs ont pu démontrer l'intérêt pour le traitement des données floristiques et écologiques (O'Farrell *et al.,* 2007), ou le besoin est grand de pouvoir mettre en relation les variables environnementales et les variables biologiques (Ter Braak et Smilauer, 2002). La RDA a été utilisée pour mettre en évidence les préférences environnementales des espèces fréquemment rencontrées dans les étangs pendant la période d'étude. Cette analyse a été aussi effectuée sur les principales classes phytoplanctoniques afin de connaitre leurs distributions par rapport à divers paramètres environnementaux. Cette analyse a été effectuée à l'aide du logiciel *XLSTAT* 2018.

CHAPITRE III : RESULTATS ET DISCUSSION

III.1. RESULTATS

La morphométrie des étangs, les variations spatiales et saisonnières, les valeurs minimales et maximales, les moyennes et écart-types des paramètres physicochimiques mesurés par station d'échantillonnage (surface et profondeur) et regroupés en saison sèche (SS) et en saison pluvieuse (SP) dans les étangs pendant l'étude sont présentées ci-dessous.

III.1.1. Caractéristiques morphométriques, physicochimiques et pigments photosynthétiques des étangs

III.1.1.1. Caractéristiques morphométriques des étangs étudiés

La topographie des sols des étangs de Bertoua, réalisée à l'aide de la bathymétrie a permis d'obtenir un certain nombre de résultats. L'étang Mokolo a la forme d'un losange avec une profondeur maximale d'environ 1,7 m, un périmètre de 173,33 m, une surface de 2748,4 m^2 et un volume d'eau de 4150,1 m^3 (Figure 16A).

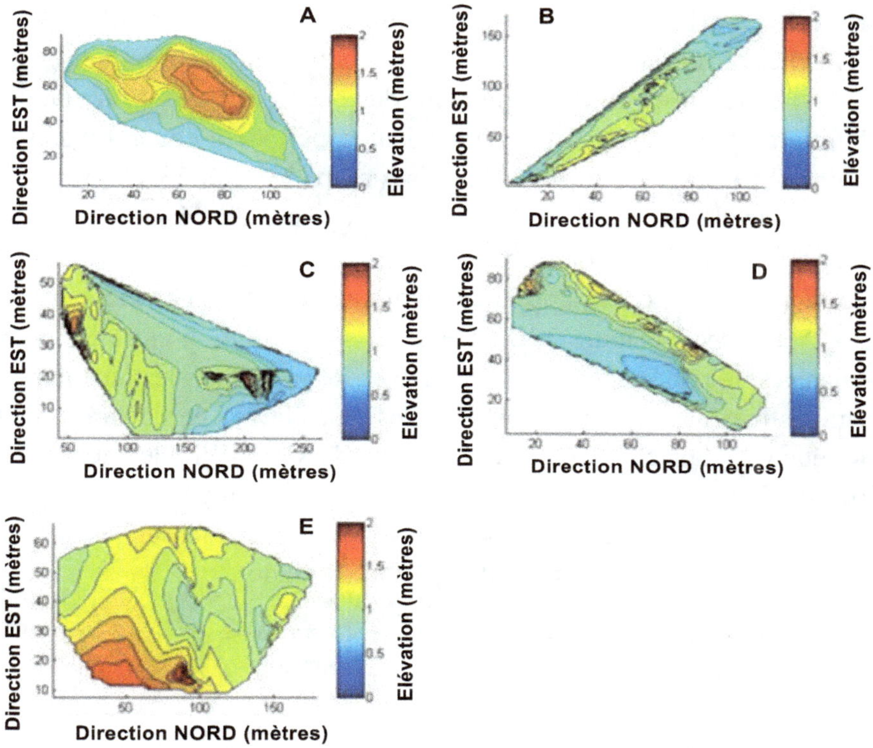

Figure 16 : Caractéristiques morphométriques des étangs Mokolo (A), Mopa (B), Côte d'azur (C), Ngaikada (D) et Kpokolota (C) pendant la période d'étude.

L'étang Mopa a la forme d'un trapèze rectangle avec une profondeur maximale d'environ 1,4 m, un périmètre de 273,34 m, une surface de 1866,7 m^2 pour un volume d'eau de 2688,01 m^3 (Figure 16B). L'étang Côte d'azur a la forme d'un triangle avec une profondeur maximale d'environ 1,5 m, un périmètre de 522,72 m, une surface d'environ 8388,37 m^2 et un volume d'eau de 12414,79 m^3 (Figure 16C). L'étang Ngaikada a la forme d'un rectangle avec une profondeur maximale d'environ 1,3 m, un périmètre de 268,49 m, une surface de 2963,3 m^2 pour un volume d'eau de 2933,67 m^3 (Figure 16D). L'étang Kpokolota a la forme d'un trapèze avec une profondeur maximale d'environ 1,7 m, un périmètre de 523,07 m, une surface d'environ 17085,34 m^2 et un volume d'eau de 25798,86 m^3 (Figure 16E).

III.1.1.2. Variations spatiale et saisonnière des variables physiques

III.1.1.2.1. Température

Les données de la température des eaux ont varié d'un étang à l'autre et d'une saison à l'autre pendant la période d'étude. En saison sèche (SS), les valeurs sont comprises entre 23°C et 33°C, avec une amplitude thermique de 10°C et une moyenne de 26,71 ± 2,08 °C (Figure 17A). En saison pluvieuse (SP), ces valeurs s'échelonnent de 23°C à 32°C, avec une amplitude thermique de 9°C et une moyenne de 26,55 ± 2,05°C (Figure 17B). Les profils de variation entre les deux saisons sont relativement identiques avec les moyennes les plus faibles enregistrées dans l'étang Mokolo et les plus élevées enregistrées dans les étangs Mopa et Côte d'azur. Le test U de Mann-Whitney ne montre pas de différence significative ($p > 0,05$) de la température entre les saisons. (Voir annexe 7I pour les variations mensuelles de la température des étangs pendant la période d'étude).

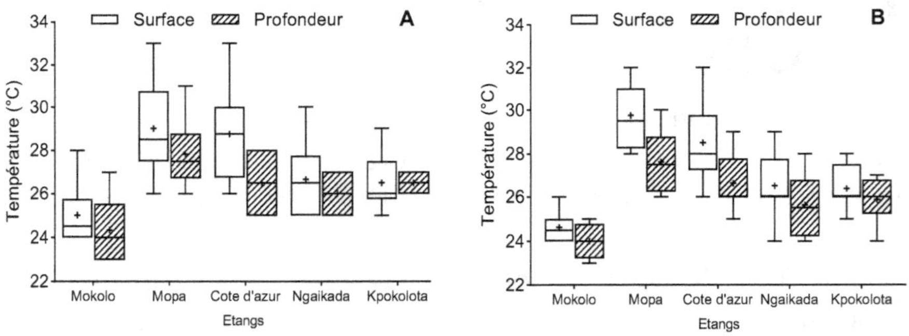

Figure 17: Variation de la température des eaux des étangs en saison sèche (A) et en saison pluvieuse (B) pendant la période d'étude.

III.1.1.2.2. Transparence et profondeur

Les valeurs de transparence et de profondeur ont fluctué d'un étang à l'autre et d'une saison à l'autre pendant la période d'étude. En saison sèche, les valeurs de transparence oscillent entre 38 cm et 100 cm avec une moyenne de 65,27 ± 18,2 cm et les valeurs de profondeur entre 75 cm et 170 cm avec une moyenne de 138,17 ± 23,65 cm (Figure 18A). En saison pluvieuse, les valeurs de transparence fluctuent entre

20 cm et 100 cm avec une moyenne de 57,13 ± 17,39 cm et les valeurs de profondeur entre 70 cm et 170 cm avec une moyenne de 139,38 ± 26,29 cm (Figure 18B). Le test U de Mann-Whitney ne montre pas de différence significative (p > 0,05) de la transparence et de la profondeur entre les saisons. L'étang Ngaikada a enregistré la plus faible transparence et la plus faible profondeur à toutes les saisons pendant la période d'étude. (Voir annexe 7II pour les variations mensuelles de la transparence et de la profondeur des étangs pendant la période d'étude).

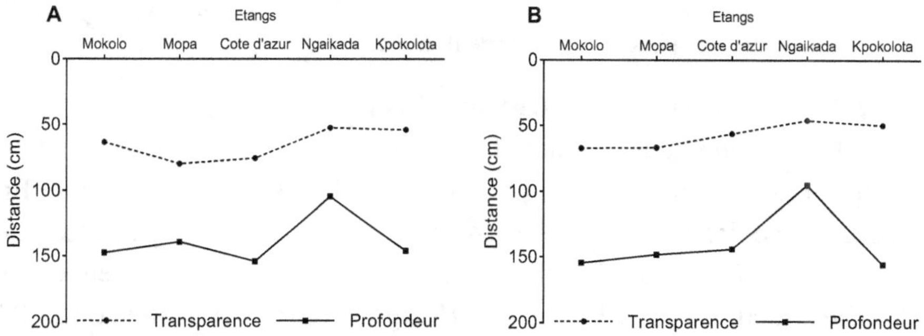

Figure 18: Variation de la transparence et de la profondeur des eaux des étangs en saison sèche (A) et en saison pluvieuse (B) pendant la période d'étude.

III.1.1.2.3. Matières En Suspension (MES)

Les valeurs des MES ont évolué d'un étang à l'autre et d'une saison à l'autre pendant la période d'étude. En saison sèche, les valeurs fluctuent entre 0 mg/L et 235 mg/L avec une moyenne de 31,1 ± 38,85 mg/L (Figure 19A). En saison pluvieuse, ces valeurs évoluent de 0 mg/L à 230 mg/L avec une moyenne de 31,04 ± 42,56 mg/L (Figure 19B). Le test U de Mann-Whitney en saison pluvieuse montre que les données de profondeur sont significativement plus élevées (p < 0,01**) que celles de surface dans tous les étangs. Les valeurs maximales ont été enregistrées dans les étangs Ngaikada (SS) et Kpokolota (SP) et aucune différence significative des MES (p > 0,05) n'a été observée entre les saisons. (Voir annexe 8I pour les variations mensuelles des MES des étangs pendant la période d'étude).

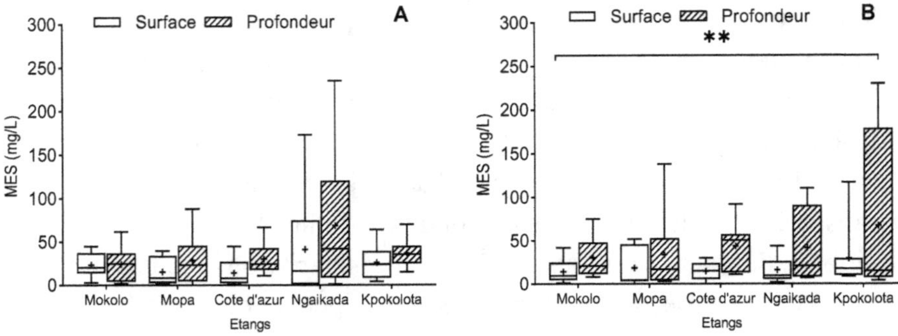

Figure 19: Variation des MES des eaux des étangs en saison sèche (A) et en saison pluvieuse (B) pendant la période d'étude.

III.1.1.2.4. Solides Totaux Dissous (*TDS*)

Les valeurs des Solides Totaux Dissous (*TDS*) ont varié d'un étang à l'autre et d'une saison à l'autre pendant la période d'étude. En saison sèche, les données oscillent entre 15 mg/L et 52 mg/L avec une moyenne de 29,5 ± 9,55 mg/L (Figure 20A). En saison pluvieuse, ces données fluctuent entre 16 mg/L et 45 mg/L avec une moyenne de 27,04 ± 8,43 mg/L (Figure 20B). Le test U de Mann-Whitney ne montre pas de différence significative ($p > 0,05$) des valeurs des *TDS* entre la saison sèche et la saison pluvieuse. Les profils de variation entre les deux saisons sont relativement similaires avec des moyennes plus élevées en surface et en profondeur dans les étangs Ngaikada et Kpokolota comparativement aux étangs Mokolo, Mopa et Côte d'azur pendant toute la période d'étude. (Voir annexe 8II pour les variations mensuelles des *TDS* des étangs pendant la période d'étude).

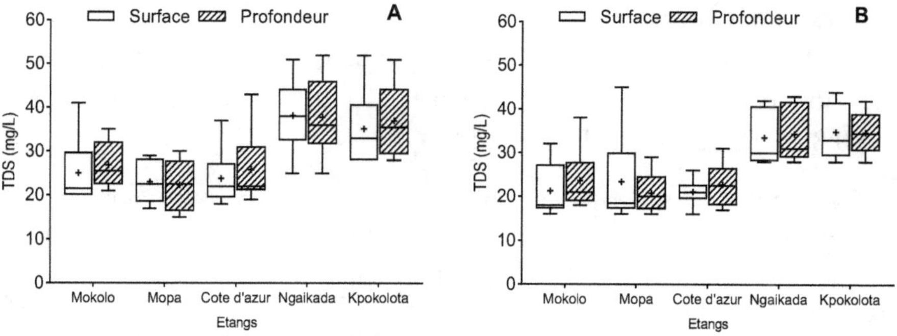

Figure 20: Variation des *TDS* des eaux des étangs en saison sèche (A) et en saison pluvieuse (B) pendant la période d'étude.

III.1.1.2.5. Turbidité

Les valeurs de la turbidité ont évolué d'un étang à l'autre et d'une saison à l'autre pendant la période d'étude. En saison sèche, les valeurs s'échelonnent entre 1 FTU et 179 FTU avec une moyenne de 40,09 ± 38,4 FTU (Figure 21A). En saison pluvieuse, ces valeurs sont comprises entre 0 FTU et 361 FTU avec une moyenne de 42,31 ± 52,73 FTU (Figure 21B). Le test U de Mann-Whitney ne montre pas de différence significative ($p > 0,05$) des valeurs de la turbidité entre les saisons. Les données les plus élevées ont été enregistrées en profondeur en saison pluvieuse (SP) dans les étangs Mopa, Côte d'azur et Ngaikada. (Voir annexe 9I pour les variations mensuelles de la turbidité des étangs pendant la période d'étude).

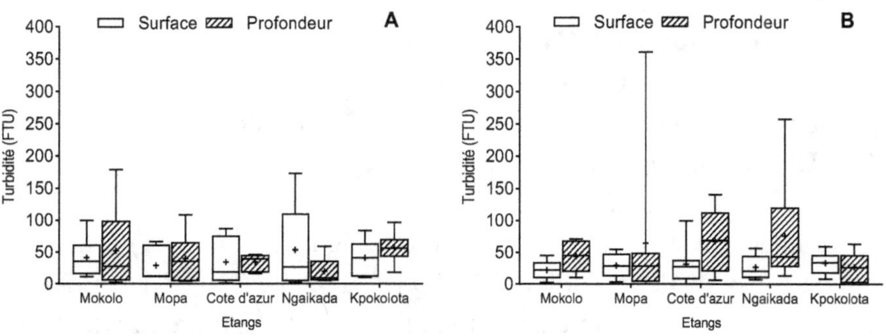

Figure 21: Variation de la turbidité des eaux des étangs en saison sèche (A) et en saison pluvieuse (B) pendant la période d'étude.

III.1.1.2.6. Couleur

Les étangs ont été très colorés pendant l'étude. En saison sèche, les données oscillent entre 42 Pt-Co et 516 Pt-Co avec une moyenne de 180,85 ± 87,55 Pt-Co (Figure 22A).

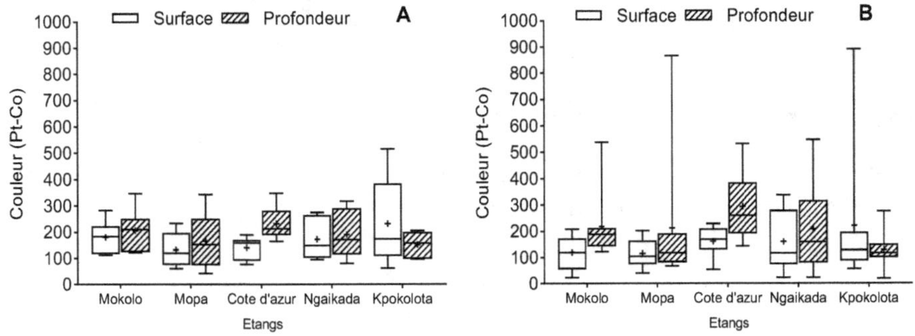

Figure 22: Variation de la couleur des eaux des étangs en saison sèche (A) et en saison pluvieuse (B) pendant la période d'étude.

En saison pluvieuse, ces valeurs varient entre 19 Pt-Co et 890 Pt-Co avec une moyenne de 183,74 ± 155,36 Pt-Co (Figure 22B). Le test U de Mann-Whitney ne montre aucune différence significative ($p > 0,05$) des valeurs de la turbidité entre la saison sèche et la saison pluvieuse. Les valeurs maximales ont été relevées en saison pluvieuse (SP) dans l'ensemble des étangs. (Voir annexe 9II pour les variations mensuelles de la couleur des étangs pendant la période d'étude).

III.1.1.3. Variations spatiales et saisonnières des variables chimiques

III.1.1.3.1. Potentiel d'Hydrogène (pH)

Les valeurs de pH ont fluctué d'une saison à l'autre dans les étangs pendant la période d'étude. En saison sèche, les données varient entre 6,14 UC et 8,63 UC avec une moyenne de 6,68 ± 0,4 UC, une amplitude de 2,49 UC et une différence significative ($p < 0,05$*) observée entre les données de surface et celles de profondeur (Figure 23A). En saison pluvieuse, ces valeurs évoluent de 4,9 UC à 7,55 UC avec une moyenne de 6,13 ± 0,76 UC et une amplitude de 2,65 UC (Figure 23B). Le test U de Mann-Whitney montre une différence significative ($p < 0,01$**)

des valeurs de pH entre la saison sèche et la saison pluvieuse. (Voir annexe 10I pour les variations mensuelles du pH des étangs pendant la période d'étude).

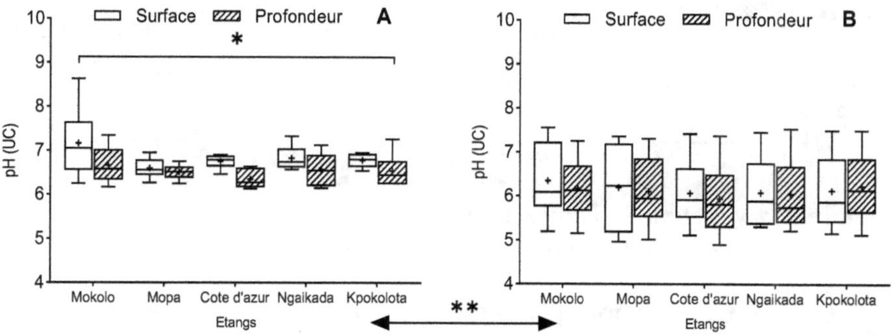

Figure 23: Variation du pH des eaux des étangs en saison sèche (A) et en saison pluvieuse (B) pendant la période d'étude.

III.1.1.3.2. Pourcentage de saturation en Oxygène dissous (O_2)

Les étangs ont été moyennement oxygénés dans l'ensemble pendant la période d'étude. En saison sèche, les teneurs s'échelonnent entre 49,3 % et 88,6 % avec une moyenne de 65,48 ± 9,54 % (Figure 24A). En saison pluvieuse, ces teneurs sont comprises entre 27,8 % et 70,6 % avec une moyenne de 54,99 ± 10,41 % (Figure 24B). Le test U de Mann-Whitney montre une différence significative ($p < 0,01$**) des valeurs du pourcentage de saturation en O_2 dissous entre la saison sèche et la saison pluvieuse. Les profils de variation montrent que les teneurs maximales ont été relevées en saison sèche avec des moyennes plus élevées, tandis que des hypoxies ont été enregistrées en saison pluvieuse avec des moyennes plus basses. (Voir annexe 11I pour les variations mensuelles du pourcentage de saturation en O_2 dissous des étangs pendant la période d'étude).

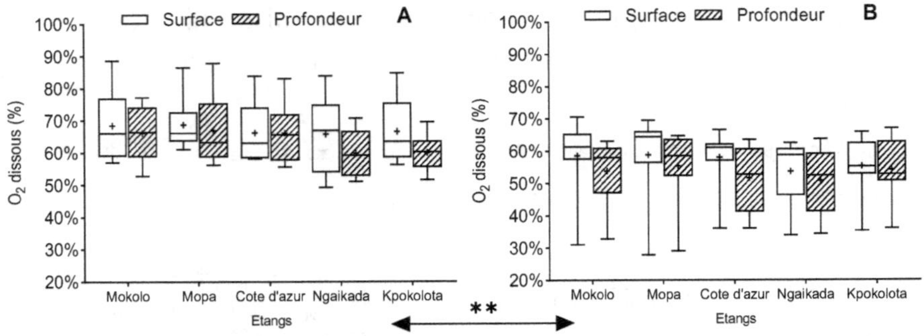

Figure 24: Variation du pourcentage de saturation en O_2 dissous des eaux des étangs en saison sèche (A) et en saison pluvieuse (B) pendant la période d'étude.

III.1.1.3.3. Gaz carbonique dissous (CO_2)

Les teneurs en CO_2 dissous ont fluctué d'une saison à l'autre pendant la période d'étude. En saison sèche, les teneurs enregistrées oscillent entre 0,88 mg/L et 7,04 mg/L avec une moyenne de 2,64 ± 1,23 mg/L (Figure 25A).

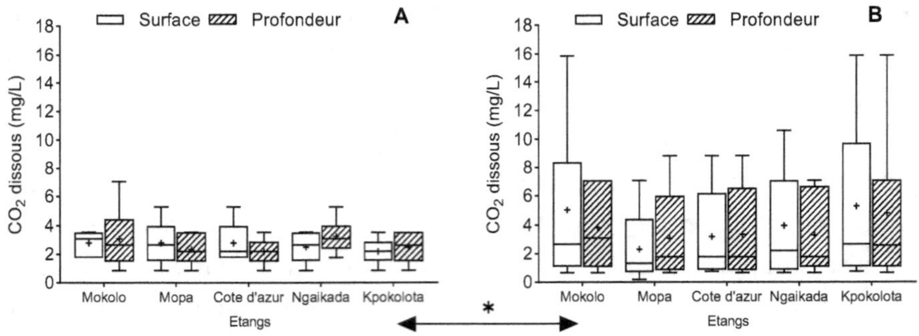

Figure 25: Variation des teneurs en CO_2 dissous des eaux des étangs en saison sèche (A) et en saison pluvieuse (B) pendant la période d'étude.

En saison pluvieuse, ces teneurs fluctuent entre 0,18 mg/L et 15,84 mg/L avec une moyenne de 3,8 ± 3,75 mg/L (Figure 25B). Le test U de Mann-Whitney montre une différence significative ($p < 0,05$*) des teneurs de CO_2 entre la saison sèche et la saison pluvieuse. Les profils de variation montrent que les teneurs de CO_2 ont une faible amplitude de variation avec des moyennes faibles en saison sèche contre une amplitude de variation plus élevée et des moyennes plus élevées en saison des pluies. (Voir annexe 11II pour les variations mensuelles du CO_2 dissous des étangs pendant la période d'étude).

III.1.1.3.4. Conductivité électrique

Les données de conductivité électrique en saison sèche sont comprises entre 29,9 µS/cm et 104 µS/cm avec une moyenne de 57,98 ± 19,36 µS/cm (Figure 26A). En saison pluvieuse, ces valeurs s'échelonnent entre 31,7 µS/cm et 88 µS/cm avec une moyenne de 53,17 ± 16,72 µS/cm (Figure 26B). Le test U de Mann-Whitney ne montre pas de différence significative de la conductivité électrique ($p > 0,05$) entre les saisons. Les profils de variation entre les deux saisons sont relativement similaires avec des moyennes plus élevées dans les étangs Ngaikada et Kpokolota en saison sèche et en saison pluvieuse comparativement aux autres étangs. (Voir annexe 10II pour les variations mensuelles de la conductivité électrique des étangs pendant la période d'étude).

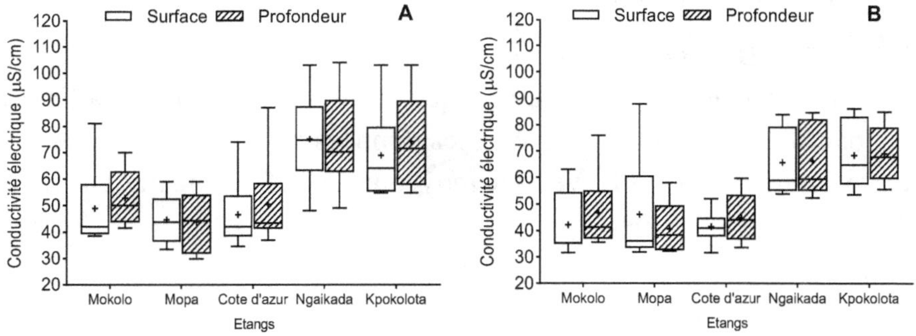

Figure 26: Variation de la conductivité électrique des eaux des étangs en saison sèche (A) et en saison pluvieuse (B) pendant la période d'étude.

III.1.1.3.5. Alcalinité

Les valeurs de l'alcalinité ont fluctué d'un étang à l'autre et d'une saison à l'autre pendant la période d'étude. En saison sèche, les données enregistrées oscillent entre 2 mg/L et 10 mg/L avec une moyenne de 4,5 ± 2,05 mg/L (Figure 27A). En saison pluvieuse, ces valeurs évoluent de 1 mg/L à 18 mg/L avec une moyenne de 6,35 ± 6,64 mg/L (Figure 27B). Le test U de Mann-Whitney montre une différence significative (p <

0,01**) des valeurs de l'alcalinité entre la saison sèche et la saison pluvieuse. Les profils de variation en saison sèche montrent que les valeurs de l'alcalinité ont une faible amplitude de variation contre une amplitude de variation plus élevée en saison des pluies. (Voir annexe 12I pour les variations mensuelles de l'alcalinité des étangs pendant la période d'étude).

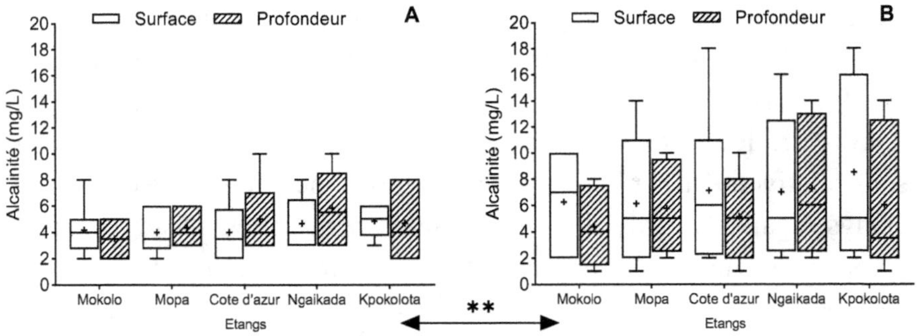

Figure 27: Variation de l'alcalinité des eaux des étangs en saison sèche (A) et en saison pluvieuse (B) pendant la période d'étude.

III.1.1.3.6. Dureté calcique

Les valeurs de la dureté calcique ont fluctué d'un étang à l'autre pendant l'étude. En saison sèche, les données relevées sont comprises entre 2 mg/L et 16 mg/L avec une moyenne de 7,22 ± 3,42 mg/L (Figure 28A).

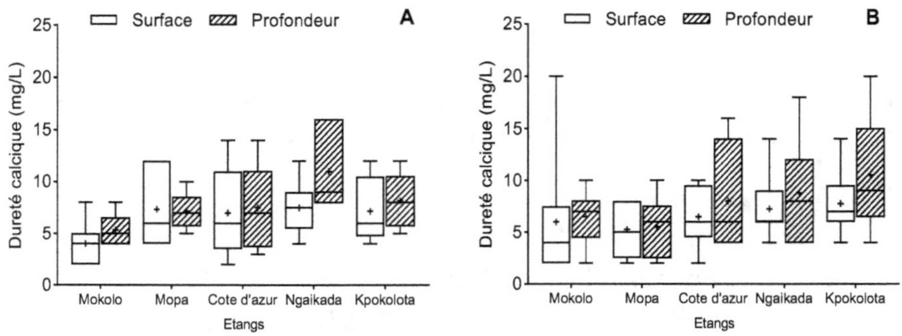

Figure 28: Variation de la dureté calcique des eaux des étangs en saison sèche (A) et en saison pluvieuse (B) pendant la période d'étude.

En saison pluvieuse, ces valeurs s'échelonnent entre 2 mg/L et 20 mg/L avec une moyenne de 7,2 ± 4,12 mg/L (Figure 28B). Le test U de Mann-Whitney ne montre pas de différence significative ($p > 0,05$) des valeurs de la dureté calcique entre la saison sèche et la saison pluvieuse. Les profils de variation ici montrent que les données maximales ont été enregistrées en saison pluvieuse dans la plupart des étangs. (Voir annexe 12II pour les variations mensuelles de la dureté calcique des étangs pendant la période d'étude).

III.1.1.3.7. Nitrates (NO_3^-)

Les teneurs en nitrates ont évolué d'un étang à l'autre et d'une saison à l'autre pendant la période d'étude. En saison sèche, les teneurs enregistrées fluctuent de 0,009 mg/L à 12,1 mg/L avec une moyenne de 1,78 ± 2,06 mg/L (Figure 29A). En saison pluvieuse, ces teneurs varient de 0 mg/L à 5,5 mg/L avec une moyenne de 1,12 ± 1,05 mg/L (Figure 29B). Le test U de Mann-Whitney ne montre pas de différence significative ($p > 0,05$) des teneurs en nitrates entre la saison sèche et la saison pluvieuse. Les profils de variation ici montrent que les teneurs les plus élevées ont été enregistrées en saison sèche avec une forte amplitude de variation contre une amplitude de variation plus faible en saison pluvieuse. (Voir annexe 13I pour les variations mensuelles des nitrates des étangs pendant la période d'étude).

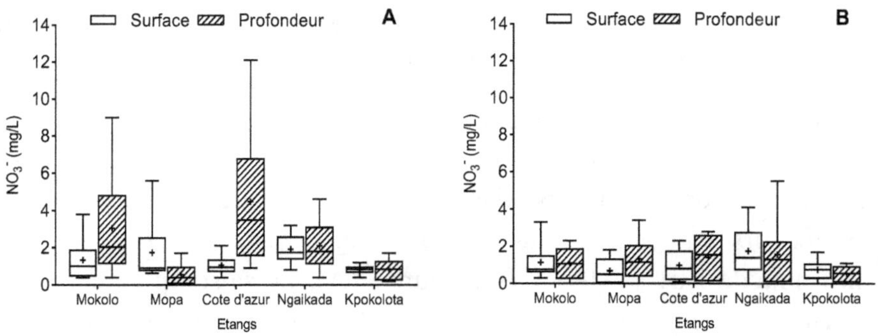

Figure 29: Variation des teneurs en nitrates des eaux des étangs en saison sèche (A) et en saison pluvieuse (B) pendant la période d'étude.

III.1.1.3.8. Nitrites (NO_2^-)

Les teneurs en nitrites ont varié d'un étang à l'autre et d'une saison à l'autre pendant la période d'étude. En saison sèche, les teneurs oscillent de 0 mg/L à 0,1 mg/L avec une moyenne de 0,02 ± 0,03 mg/L (Figure 30A). En saison pluvieuse, ces teneurs évoluent de 0 mg/L à 0,06 mg/L avec une moyenne de 0,01 ± 0,01 mg/L (Figure 30B). Le test U de Mann-Whitney ne montre pas de différence significative ($p > 0,05$) des teneurs en nitrites entre la saison sèche et la saison pluvieuse. Les profils de variation ici montrent que les teneurs les plus élevées ont été enregistrées en saison sèche avec une forte amplitude de variation contre une amplitude de variation plus faible en saison pluvieuse. (Voir annexe 13II pour les variations mensuelles des nitrites des étangs pendant la période d'étude).

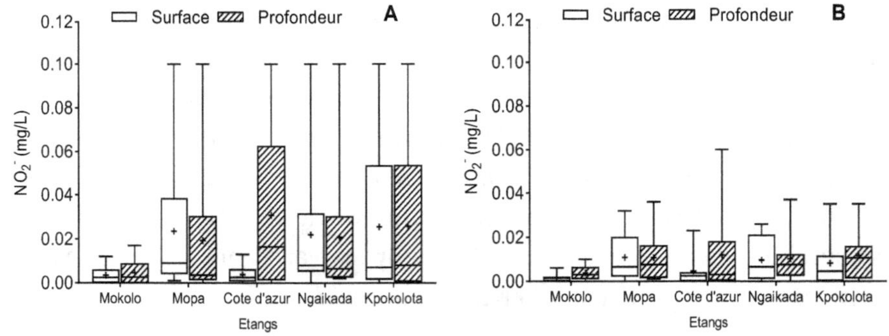

Figure 30: Variation des teneurs en nitrites des eaux des étangs en saison sèche (A) et en saison pluvieuse (B) pendant la période d'étude.

III.1.1.3.9. Azote ammoniacal (NH_4^+)

Les teneurs en azote ammoniacal ont fluctué d'un étang à l'autre et d'une saison à l'autre pendant la période d'étude. En saison sèche, les teneurs enregistrées varient de 0 mg/L à 4,21 mg/L avec une moyenne de 1,01 ± 0,94 mg/L (Figure 31A). En saison pluvieuse, ces teneurs oscillent entre 0,23 mg/L à 3,68 mg/L avec une moyenne de 1,13 ± 0,72 mg/L (Figure 31B). Le test U de Mann-Whitney ne montre pas de différence significative ($p > 0,05$) des teneurs en azote ammoniacal entre la saison sèche et la saison pluvieuse. Les profils de variation ici montrent que dans la plupart des étangs et à toutes les saisons, les teneurs en NH_4^+ de profondeur sont plus élevées que celles de surface. (Voir annexe 14I pour les variations mensuelles de l'azote ammoniacal des étangs pendant la période d'étude).

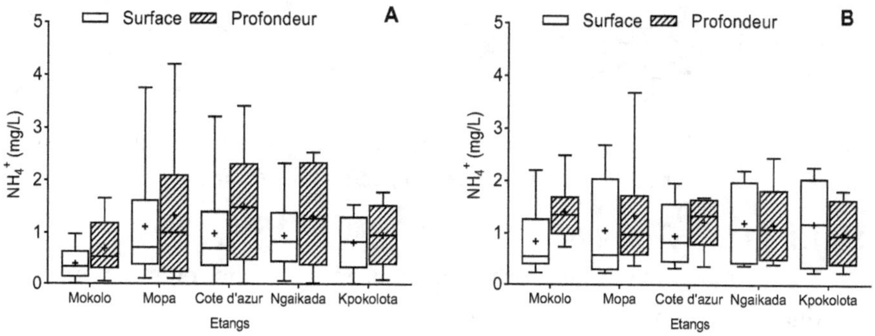

Figure 31: Variation des teneurs en azote ammoniacal des eaux des étangs en saison sèche (A) et en saison pluvieuse (B) pendant la période d'étude.

III.1.1.3.10. Orthophosphates (PO_4^{3-})

Les teneurs en orthophosphates ont varié d'un étang à l'autre et d'une saison à l'autre pendant la période d'étude. En saison sèche, les teneurs enregistrées évoluent de 0 mg/L à 12,9 mg/L avec une moyenne de 4,3 ± 3,16 mg/L (Figure 32A). En saison pluvieuse, ces teneurs oscillent entre 0 mg/L et 24,2 mg/L avec une moyenne de 4,68 ± 4,99 mg/L et une différence significative ($p < 0,01$**) observée entre les teneurs de surface et celles de profondeur (Figure 32B). Le test U de Mann-Whitney ne montre pas de différence significative ($p > 0,05$) des teneurs en orthophosphates entre les saisons. Les données maximales ont été enregistrées en saison pluvieuse comparativement à la saison sèche. (Voir annexe 14II pour les variations mensuelles des orthophosphates des étangs pendant la période d'étude).

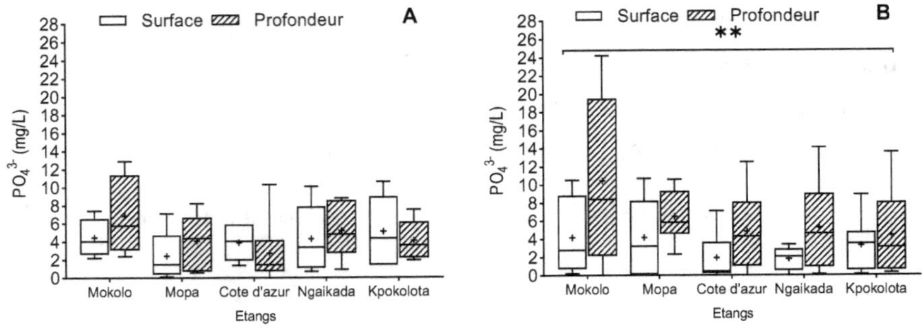

Figure 32: Variation des teneurs en orthophosphates des eaux des étangs en saison sèche (A) et en saison pluvieuse (B) pendant la période d'étude.

III.1.1.3.11. Oxydabilité

Les étangs étudiés ont été chargés en matières organiques oxydables pendant l'étude (Figure 33).

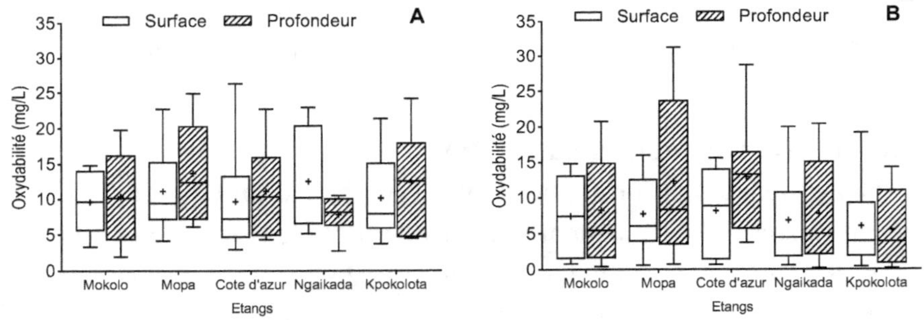

Figure 33: Variation de l'oxydabilité des eaux des étangs en saison sèche (A) et en saison pluvieuse (B) pendant la période d'étude.

En saison sèche, les teneurs enregistrées s'échelonnent entre 1,97 mg/L et 26,26 mg/L avec une moyenne de 10,81 ± 6,23 mg/L (Figure 33A). En saison pluvieuse, ces teneurs oscillent entre 0,19 mg/L et 31,21 mg/L avec une moyenne de 8,25 ± 7,13 mg/L (Figure 33B). Le test U de Mann-Whitney ne montre pas de différence significative ($p > 0,05$) entre les saisons. Les profils de variation entre les saisons semblent relativement identiques avec les valeurs minimales et maximales enregistrées en saison pluvieuse. (Voir annexe 15I pour les variations mensuelles de l'oxydabilité des étangs pendant la période d'étude).

III.1.1.3.12. Demande Biochimique en Oxygène pendant 5 jours (DBO_5)

Les valeurs de DBO_5 ont évolué d'un étang à l'autre et d'une saison à l'autre pendant la période d'étude. En saison sèche, les valeurs oscillent entre 5 mg/L d'O_2 et 90 mg/L d'O_2 avec une moyenne de 25,25 ± 23,64 mg/L d'O_2 (Figure 34A). En saison pluvieuse, ces valeurs fluctuent entre 5 mg/L d'O_2 et 200 mg/L d'O_2 avec une moyenne de 37,38 ± 46,28 mg/L d'O_2 (Figure 34B). Le test U de Mann-Whitney montre une différence significative ($p < 0,05$*) des valeurs de DBO_5 entre la saison sèche et la saison pluvieuse. Les profils de variation montrent une faible amplitude en saison sèche comparativement à la saison pluvieuse où les teneurs maximales ont été enregistrées. (Voir annexe 15II pour les variations mensuelles de la DBO_5 des étangs pendant la période d'étude).

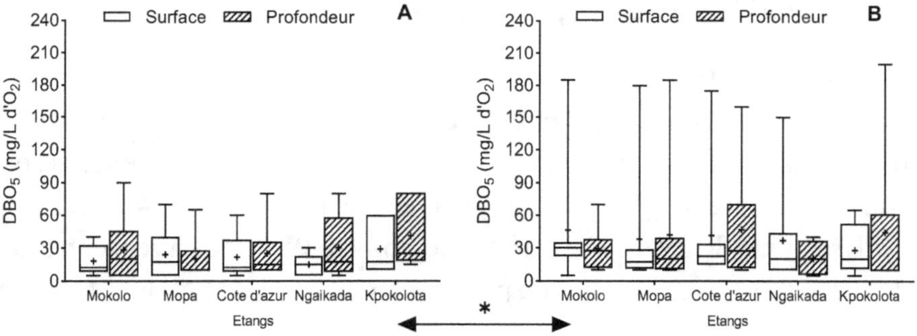

Figure 34: Variation de la DBO_5 des eaux des étangs en saison sèche (A) et en saison pluvieuse (B) pendant la période d'étude.

III.1.1.4. Variations spatiale et saisonnière des pigments photosynthétiques

III.1.1.4.1. Chlorophylle 'a' (Chl 'a')

Les teneurs en chlorophylle 'a' ont varié d'un étang à l'autre et d'une saison à l'autre pendant la période d'étude. En saison sèche, les teneurs fluctuent entre 0,5 µg/L et 103,2 µg/L avec une moyenne de 33,94 ± 25,05 µg/L (Figure 35A). En saison pluvieuse, ces teneurs évoluent de 0,6 µg/L à 147,1 µg/L avec une moyenne de 37,86 ± 27,71 µg/L (Figure 35B). Le test U de Mann-Whitney ne montre pas de différence significative ($p > 0,05$) des teneurs en chlorophylle 'a' entre la saison sèche et la saison pluvieuse. Les teneurs maximales ont été enregistrées en saison pluvieuse. (Voir annexe 16I pour les variations mensuelles de la chlorophylle 'a' des étangs pendant la période d'étude).

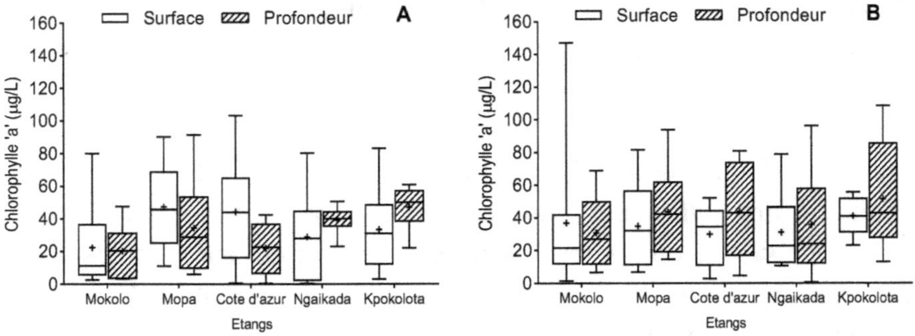

Figure 35: Variation de la chlorophylle 'a' des eaux des étangs en saison sèche (A) et en saison pluvieuse (B) pendant la période d'étude.

III.1.1.4.2. Chlorophylle 'b' (Chl 'b')

Les teneurs en chlorophylle 'b' ont oscillé d'un étang à l'autre et d'une saison à l'autre pendant l'étude. En saison sèche, les teneurs sont comprises entre 0 µg/L et 90,8 µg/L avec une moyenne de 24,35 ± 24,44 µg/L et une différence significative ($p < 0,05$*) observée entre les données de surface et celles de profondeur en cette saison (Figure 36A).

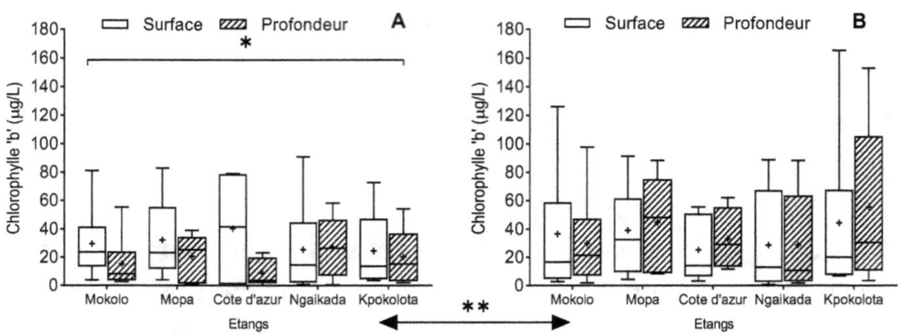

Figure 36: Variation de la chlorophylle 'b' des eaux des étangs en saison sèche (A) et en saison pluvieuse (B) pendant la période d'étude.

En saison pluvieuse, ces teneurs évoluent de 0,7 µg/L à 165,3 µg/L avec une moyenne de 36,46 ± 36,77 µg/L (Figure 36B). Le test U de Mann-Whitney montre une différence significative ($p < 0,01$**) des teneurs en chlorophylle 'b' entre les saisons. Les teneurs maximales ont été enregistrées en saison pluvieuse. (Voir annexe 16II pour les variations mensuelles de la chlorophylle 'b' des étangs pendant la période d'étude).

III.1.1.4.3. Chlorophylle 'c' (Chl 'c')

Les teneurs en chlorophylle 'c'ont varié d'un étang à l'autre et d'une saison à l'autre pendant la période d'étude. En saison sèche, les teneurs fluctuent entre 1,8 µg/L et 430,6 µg/L avec une moyenne de 85,2 ± 91,42 µg/L (Figure 37A). En saison pluvieuse, ces teneurs évoluent de 0,1 µg/L à 576,6 µg/L avec une moyenne de 91,23 ± 115,81 µg/L (Figure 37B). Le test U de Mann-Whitney ne montre pas de différence significative ($p > 0,05$) des teneurs en chlorophylle 'c'entre la saison sèche et la saison pluvieuse pendant la période d'étude. Les teneurs maximales ont été enregistrées en saison pluvieuse dans la plupart des étangs. (Voir annexe 17I pour les variations mensuelles de la chlorophylle 'c' des étangs pendant la période d'étude).

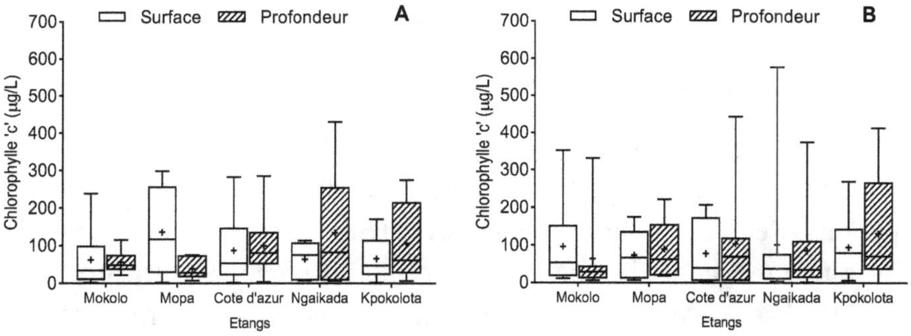

Figure 37: Variation de la chlorophylle 'c' des eaux des étangs en saison sèche (A) et en saison pluvieuse (B) pendant la période d'étude.

III.1.1.4.4. Phéopigments

Les teneurs en phéopigments ont varié d'un étang à l'autre et d'une saison à l'autre pendant la période d'étude. En saison sèche, les teneurs fluctuent entre 0,44 µg/L et 132,8 µg/L avec une moyenne de 34,7 ± 32,05 µg/L (Figure 38A). En saison pluvieuse, ces teneurs évoluent de 0 µg/L à 255,5 µg/L avec une moyenne de 37,06 ± 42,62 µg/L (Figure 38B). Le test U de Mann-Whitney ne montre pas de différence significative ($p > 0,05$) des teneurs en phéopigments entre la saison sèche et la saison pluvieuse. Les teneurs maximales ont été enregistrées en saison pluvieuse dans la plupart des étangs. (Voir annexe 17II pour les variations mensuelles des phéopigments des étangs pendant la période d'étude).

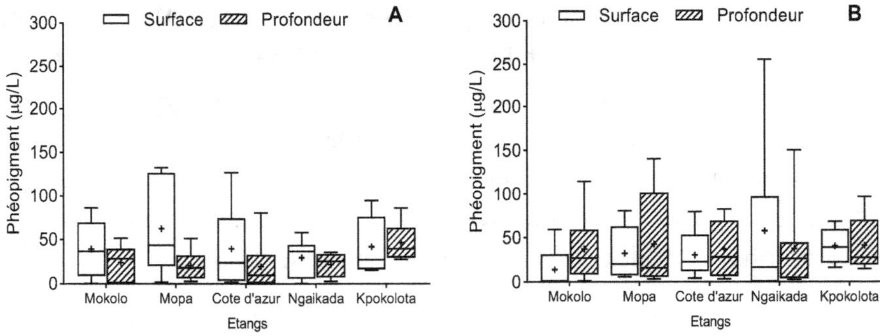

Figure 38: Variation des phéopigments des eaux des étangs en saison sèche (A) et en saison pluvieuse (B) pendant la période d'étude.

III.1.1.5. Indice de pollution organique (IPO)

Les valeurs de l'IPO ont été faibles dans les étangs pendant la période d'étude. En saison sèche, les valeurs oscillent entre 1,25 et 3,5 avec une moyenne de 2,53 ± 0,58 et une différence significative ($p < 0,05$*) observée entre les valeurs de surface et celles de profondeur en cette saison (Figure 39A). En saison pluvieuse, ces valeurs fluctuent entre 1,25 et 3,5 avec une moyenne de 2,44 ± 0,54 (Figure 39B). Le test U de Mann-Whitney ne montre pas de différence significative ($p > 0,05$) des valeurs de L'IPO entre la saison sèche et la saison pluvieuse.

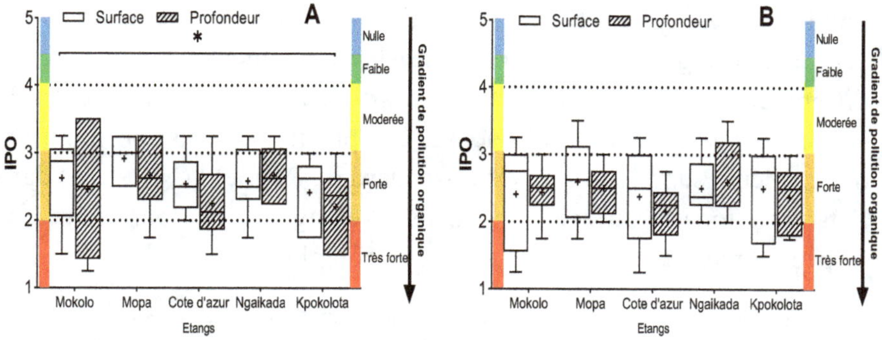

Figure 39: Variation de l'IPO des eaux des étangs en saison sèche (A) et en saison pluvieuse (B) pendant la période d'étude.

Les valeurs moyennes des indices de pollution organique de chaque étang ont permis de les ordonner en fonction des classes de valeur de l'IPO et du niveau de pollution organique (Tableau VII). Ces moyennes sont faibles dans l'ensemble, mais légèrement plus élevées en saison sèche par rapport à la saison pluvieuse dans la plupart des étangs traduisant une pollution organique forte des eaux tout en indiquant un degré d'altération élevé des eaux de la zone d'étude.

Tableau VII: Indice de Pollution Organique (IPO) des eaux des étangs étudiés en saison sèche (SS) et en saison pluvieuse (SP) pendant la période d'étude.

Etangs	**Mokolo**	**Mopa**	**Côte d'azur**	**Ngaikada**	**Kpokolota**
Moyennes des classes	2,48	2,67	2,34	2,59	2,38
Niveau de pollution organique	**Forte**	**Forte**	**Forte**	**Forte**	**Forte**

III.1.1.6. Facteur limitant de l'eutrophisation (N/P)

Les valeurs du rapport stœchiométrique d'azote par rapport à l'orthophosphate (N/P) ont été très faibles dans les étangs pendant la période d'étude. En saison sèche, les valeurs oscillent entre 0,09 et 18,73 avec une moyenne de 1,92 ± 4,55 (Figure 40A). En saison pluvieuse, ces teneurs fluctuent entre 0 et 31,71 avec une moyenne de 1,75 ± 3,03 (Figure 40B). Le test U de Mann-Whitney ne montre aucune différence significative ($p > 0,05$) des valeurs du ratio N/P entre la saison sèche et la saison pluvieuse. Les profils de variation montrent deux valeurs supérieures au ratio standard de Redfield (N/P = 16) dans l'étang Mopa (surface) et dans l'étang Kpokolota (surface) respectivement en saison sèche et en saison pluvieuse.

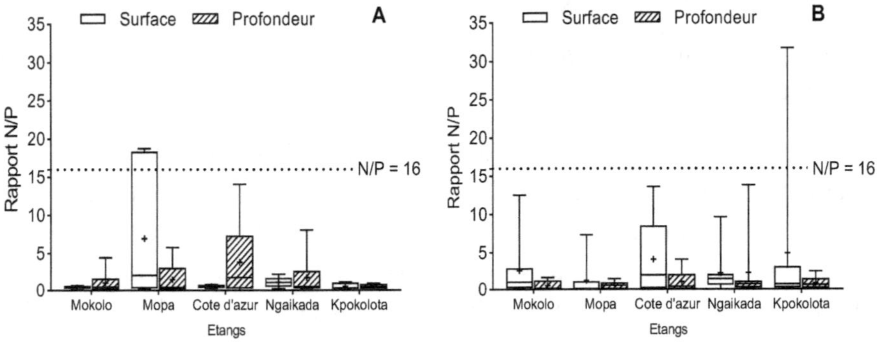

Figure 40: Variation du rapport N/P des eaux des étangs en saison sèche (A) et en saison pluvieuse (B) pendant la période d'étude.

III.1.1.8. Niveaux trophiques des étangs

III.1.1.8.1. Indice d'état trophique de Carlson (*TSI*)

L'étang Mokolo a une transparence moyenne de 65,99 cm, une teneur moyenne en orthophosphates de 130,98 µg/L et une teneur moyenne en chlorophylle 'a' de 63,43 µg/L. La moyenne des valeurs de ces paramètres donne un *TSI* de 86,8 ce qui correspond à l'état hypereutrophe (Tableau XIII). L'étang Mopa a une transparence moyenne de 64,53 cm, une teneur moyenne en orthophosphates de 125,25 µg/L et une teneur moyenne en chlorophylle 'a' de 66,78 µg/L. La moyenne des valeurs de ces paramètres donne un *TSI* de 85,52 ce qui correspond à l'état hypereutrophe (Tableau XIII). L'étang Côte d'azur a une transparence moyenne de 66,21 cm, une teneur moyenne en orthophosphates de 121,2 µg/L et une teneur moyenne en chlorophylle 'a' de 65,54 µg/L. La moyenne des valeurs de ces paramètres donne un *TSI* de 84,32 ce qui correspond à l'état hypereutrophe (Tableau XIII). L'étang Ngaikada a une transparence moyenne de 70,28 cm, une teneur moyenne en orthophosphates de 123,94 µg/L et une teneur moyenne en chlorophylle 'a' de 65,09 µg/L. La moyenne de ces paramètres donne un *TSI* de 86,44 ce qui correspond à l'état hypereutrophe. L'étang Kpokolota a une transparence moyenne de 69,7 cm, une teneur moyenne en orthophosphates de 124,27 µg/L et une teneur moyenne en chlorophylle 'a' de 67,65 µg/L. La moyenne de ces paramètres donne un *TSI* de 87,21 ce qui correspond à l'état hypereutrophe (Tableau XIII).

Tableau VIII: Niveaux trophiques des étangs étudiés selon l'Indice d'Etat Trophique (*TSI*) de Carlson.

Etangs / Variables	**Mokolo**	**Mopa**	**Côte d'azur**	**Ngaikada**	**Kpokolota**
TSI (t)	65,99	64,53	66,21	70,28	69,7
TSI (PO_4^{3-})	130,98	125,25	121,2	123,94	124,27
TSI (chl 'a')	63,43	66,78	65,54	65,09	67,65
TSI	**86,80**	**85,52**	**84,32**	**86,44**	**87,21**
Etat trophique	**Hypereutrophe**	**Hypereutrophe**	**Hypereutrophe**	**Hypereutrophe**	**Hypereutrophe**

III.1.1.8.2. Système de classification de l'O.C.D.E.

L'étang Mokolo a une teneur moyenne en orthophosphates de 6605 µg/L, une valeur moyenne de la chlorophylle 'a' de 28,4 µg/L tandis que sa valeur maximale est de 147,1 µg/L, une profondeur moyenne de disparition du disque de Secchi de 0,66 m et une profondeur minimale de disparition du disque de Secchi de 0,4 m. Ces caractéristiques ont permis de classer cet étang dans la catégorie des étangs hypereutrophes (Tableau XIV). L'étang Mopa a une teneur moyenne en orthophosphates de 4437,86 µg/L, une valeur moyenne de la chlorophylle 'a' de 40 µg/L tandis que sa valeur maximale est de 93,6 µg/L, une profondeur moyenne de disparition du disque de Secchi de 0,73 m et une profondeur minimale de disparition du disque de Secchi de 0,4 m. Ces caractéristiques ont permis de classer cet étang dans la catégorie des étangs hypereutrophes (Tableau XIV). L'étang Côte d'azur a une teneur moyenne en orthophosphates de 3351,1 µg/L, une valeur moyenne de chlorophylle 'a' de 35,23 µg/L tandis que la valeur maximale est de 103,2 µg/L, une profondeur moyenne de disparition du disque de Secchi de 0,65 m et une profondeur minimale de disparition du disque de Secchi de 0,5 m. Ces caractéristiques ont permis de classer cet étang dans la catégorie des étangs hypereutrophes (Tableau XIV). L'étang Ngaikada a une teneur moyenne en orthophosphates de 4053,57 µg/L, une valeur moyenne de chlorophylle 'a' de 33,65 µg/L tandis que sa valeur maximale est de 96,2 µg/L, une profondeur moyenne de disparition du disque de Secchi de 0,49 m et une profondeur minimale de disparition du disque de Secchi de 0,2 m. Ces caractéristiques ont permis de classer cet étang dans la catégorie des étangs hypereutrophes (Tableau XIV). L'étang Kpokolota a une teneur moyenne en orthophosphates de 4147,86 µg/L, une valeur moyenne de la chlorophylle 'a' de 43,67 µg/L tandis que sa valeur maximale est de 108,3 µg/L, une profondeur moyenne de disparition du disque de Secchi de 0,51 m et une profondeur minimale de disparition du disque de Secchi de 0,3 m. Ces caractéristiques ont permis de classer cet étang dans la catégorie des étangs hypereutrophes (Tableau XIV).

Tableau IX: Niveaux trophiques des étangs étudiés selon le système de classification de l'O.C.D.E.

Étangs / Variables	**Mokolo**	**Mopa**	**Côte d'azur**	**Ngaikada**	**Kpokolota**
PO_4^{3-} moy. ($\mu g.L^{-1}$)	6605	4437,86	3351,1	4053,57	4147,86
Chl 'a' max. ($\mu g.L^{-1}$)	147,1	93,6	103,2	96,2	108,3
Chl 'a' moy. ($\mu g.L^{-1}$)	28,4	40	35,23	33,65	43,67
Secchi moy. (m)	0,66	0,73	0,65	0,49	0,51
Secchi min. (m)	0,4	0,4	0,5	0,2	0,3
Etat trophique	**Hypereutrophe**	**Hypereutrophe**	**Hypereutrophe**	**Hypereutrophe**	**Hypereutrophe**

III.1.2. Caractéristiques biologiques des étangs étudiés

III.1.2.1. Richesse taxonomique du phytoplancton

L'analyse de la composition taxonomique des étangs de barrage de Bertoua au cours de cette étude a permis l'identification de 336 espèces phytoplanctoniques regroupées en 139 Genres, 86 Familles, 46 Ordres, et 8 principales classes phytoplanctoniques (Tableau XV) : les Diatomées, les Chlorophycées, les Euglénophycées, les Cyanophycées, les Dinophycées, les Chrysophycées, les Cryptophycées et les Xanthophycées.

L'étang Côte d'azur a été le plus diversifié pendant l'étude avec 159 espèces algales récoltées, regroupées en 67 Genres, 62 Familles, 36 Ordres et 8 classes phytoplanctoniques (Tableau XV). L'étang Mopa a obtenu 147 espèces algales, appartenant à 55 Genres, 49 Familles, 28 Ordres et 5 classes phytoplanctoniques (Tableau XV). L'étang Ngaikada a obtenu 143 espèces algales appartenant à 62 Genres, 54 Familles, 28 Ordres et 6 classes phytoplanctoniques (Tableau XV). L'étang Mokolo a obtenu 138 espèces algales appartenant à 61 Genres, 56 Familles, 37 Ordres et 6 classes phytoplanctoniques (Tableau XV). L'étang Kpokolota a été le moins diversifié pendant toute la période d'étude avec 136 espèces algales récoltées, regroupées en 54 Genres, 49 Familles, 28 Ordres et 7 classes phytoplanctoniques (Tableau XV).

La Classe des Diatomées a été la plus diversifiée avec 128 espèces phytoplanctoniques identifiées pendant la période d'étude, majoritairement représentées par les espèces *Azpeitia africana*, *Eunotia binularis*, *Synedra ulna*, *Gyrosigma acuminatum*, *Navicula cuspidata*, *Pinnularia acrosphaeria*, *Pinnularia gibba*, *Stauroneis phoenicenteron*, *Rhizolenia longiseta* et *Cymatopleura solea* (Tableau XVI). La Classe des Chlorophycées a été représentée par 105 espèces phytoplanctoniques pendant la période d'étude surtout dominée par les espèces *Volvox tertius*, *Volvox* spp., *Eresmophaera gigas*, *Pleurotaenium trabecula*, *Gonyostomum semen*, *Chlorella vulgaris*, *Closterium aciculare*, *Groembladia neglecta*, *Mesotaenium macrococcum* et *Mesotaenium mirificum* (Tableau XVI). La Classe des

Euglénophycées a été représentée par 48 espèces phytoplanctoniques pendant la période d'étude avec pour espèces dominantes *Euglena acus*, *Euglena oxyuris*, *Euglena proxima*, *Trachelomonas acanthophora*, *Trachelomonas armata*, *Trachelomonas hispida*, *Lepocinclis ovum*, *Phacus orbicularis* et *Phacus succicus* (Tableau XVI). La Classe des Cyanophycées a été représentée par 38 espèces phytoplanctoniques pendant la période d'étude avec pour espèces les plus fréquemment rencontrées *Microcystis aeruginosa*, *Aphanocapsa incerta*, *Rivularia aquatica*, et *Synechoccocus aeruginosus* (Tableau XVI). La classe des Dinophycées avec 12 espèces phytoplanctoniques pendant l'étude est surtout représentée par les espèces *Amphora ovalis* et *Prorocentrum rostratum* (Tableau XVI). Les lasses des Chrysophycées (*Synura spinosa* et *Synura uvella*) et des Cryptophycées (*Cryptomonas ovata* et *Cryptomonas* spp.) ont été représentées par 2 espèces phytoplanctoniques chacune, tandis que la Classe des Xanthophycées (*Goniochloris gigas*) a été représentée par une seule espèce phytoplanctonique pendant toute la période d'étude.

Tableau X: Richesse taxonomique du phytoplancton des étangs de Bertoua pendant la période d'étude.

Etangs	**Classes**	**Ordres**	**Familles**	**Genres**	**Espèces**
Mokolo	6	37	56	61	**138**
Mopa	5	28	49	55	**147**
Côte d'azur	8	36	62	67	**159**
Ngaikada	6	28	54	62	**143**
Kpokolota	7	28	49	54	**136**
Totaux	**8**	**46**	**86**	**139**	**336**

III.1.2.2. Richesse spécifique des organismes phytoplanctoniques

III.1.2.2.1. Richesse spécifique totale du phytoplancton des étangs étudiés

L'étang Côte d'azur a donné la plus grande richesse spécifique au cours de la période d'étude avec 159 espèces obtenues représentant 21,99 % de la richesse spécifique totale (Figure 41). Il est suivi de l'étang Mopa avec 147 espèces (20,33 %), l'étang Ngaikada avec 143 espèces (19,78 %), l'étang Mokolo avec 138 espèces (19,09 %) et l'étang Kpokolota avec la plus faible richesse spécifique de 136 espèces représentant 18,81 % de la richesse spécifique totale des étangs prospectés (Figure 41). Le test H de Kruskal-Wallis ne montre aucune différence significative (p > 0,05) de la richesse spécifique totale des étangs.

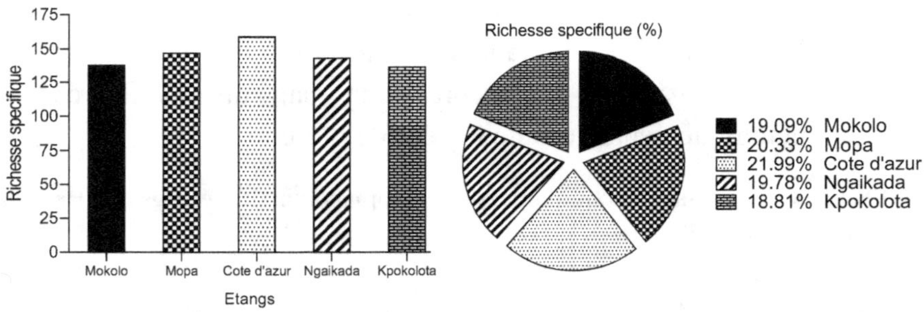

Figure 41: Richesse spécifique totale du phytoplancton des différents étangs étudiés.

III.1.2.2.2. Dynamique spatiale et saisonnière de la richesse spécifique du phytoplancton

La richesse spécifique varie de la surface en profondeur et d'une saison à l'autre pendant la période d'étude. En saison sèche, les données de surface varient de 6 à 26 espèces avec une moyenne de 18 ± 5 espèces et en profondeur de 7 à 21 espèces avec une moyenne de 13 ± 4 espèces. On observe une différence significative (p < 0,01**) des données de surface par rapport à ceux de profondeur en saison sèche (Figure 42A).

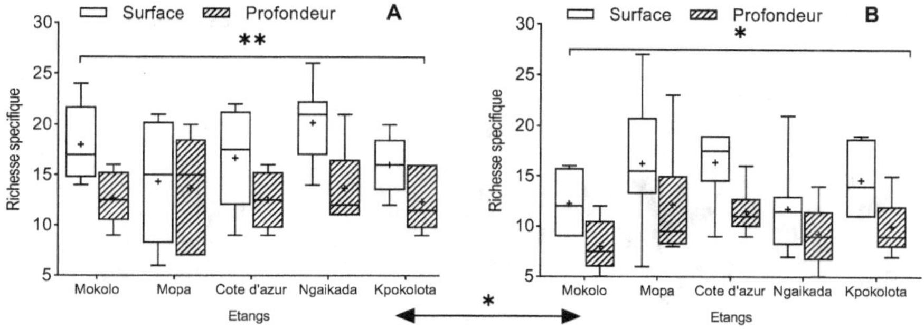

Figure 42: Variation de la richesse spécifique algale des eaux des étangs en saison sèche (A) et en saison pluvieuse (B) pendant la période d'étude.

En saison pluvieuse, les données de surface varient de 6 à 27 espèces avec une moyenne de 15 ± 5 espèces et en profondeur de 5 à 23 espèces avec une moyenne de 11 ± 4 espèces. On observe une différence significative ($p < 0,05*$) des données de surface par rapport à ceux de profondeur en saison pluvieuse (Figure 42B). Le test U de Mann-Whitney montre une différence significative ($p < 0,05*$) de la richesse spécifique entre les saisons.

III.1.2.2.3. Richesse spécifique totale des différentes classes phytoplanctoniques

La Classe des Diatomées a été la plus diversifiée dans tous les étangs pendant la période d'étude avec des données fluctuant de 48 espèces (Mokolo) à 58 espèces (Mopa et Côte d'azur), suivi des Chlorophycées variant de 36 espèces (Mokolo) à 55 espèces (Mopa), des Euglénophycées évoluant de 19 espèces (Mopa) à 32 espèces (Côte d'azur) et des Cyanophycées oscillant de 11 espèces (Mopa et Kpokolota) à 21 espèces (Mokolo). Les Dinophycées ont été peu diversifiés allant de 3 espèces (Côte d'azur) à 5 espèces (Ngaikada). Les Cryptophycées (Mokolo, Côte d'azur et Kpokolota) et les Chrysophycées (Côte d'azur et Kpokolota) avec 2 espèces chacune et les Xanthophycées (Côte d'azur) avec une espèce ont été très peu diversifiés et parfois absents dans la plupart des étangs pendant l'étude (Figure 43).

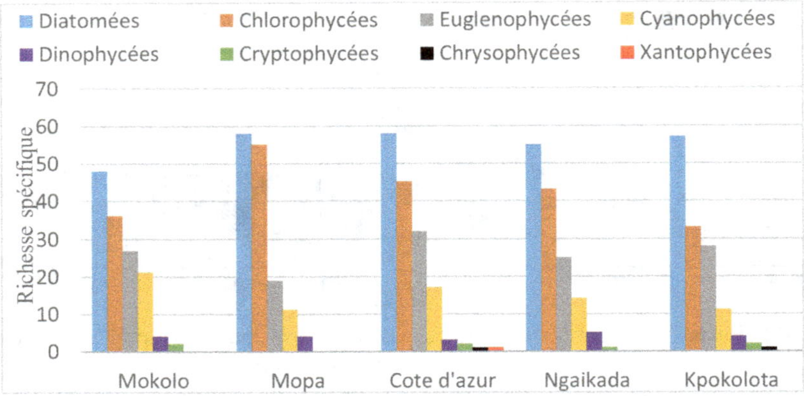

Figure 43: Distribution de la richesse spécifique totale des différentes classes phytoplanctoniques des eaux des étangs étudiés.

III.1.2.2.4. Dynamique de la richesse spécifique des classes phytoplanctoniques

La richesse spécifique des classes phytoplanctoniques varie d'un étang à l'autre pendant la période d'étude. La richesse spécifique la plus élevée est celle des Diatomées dans l'étang Ngaikada (Figure 44D) avec une moyenne en surface de 7 ± 3 espèces et en profondeur de 6 ± 3 espèces, suivi des Chlorophycées plus diversifiée dans l'étang Mopa (Figure 44B) avec des moyennes de 6 ± 5 espèces (surface) et de 4 ± 4 espèces (profondeur), les Euglénophycées dans l'étang Côte d'azur (Figure 44C) avec des moyennes de 5 ± 3 espèces (surface) et de 4 ± 4 espèces (profondeur) et les Cyanophycées dans l'étang Mokolo (Figure 44A) avec des moyennes de 3 ± 2 espèces (surface) et de 2 ± 2 espèces (profondeur). Les Cryptophycées et les Dinophycées ont été très peu diversifiées dans tous les étangs avec des moyennes de 1 ± 1 espèces en surface et en profondeur pendant la période d'étude. Les Chrysophycées et les Xanthophycées absents dans la plupart des étangs n'ont pas été pris en compte dans cette partie (Figure 44).

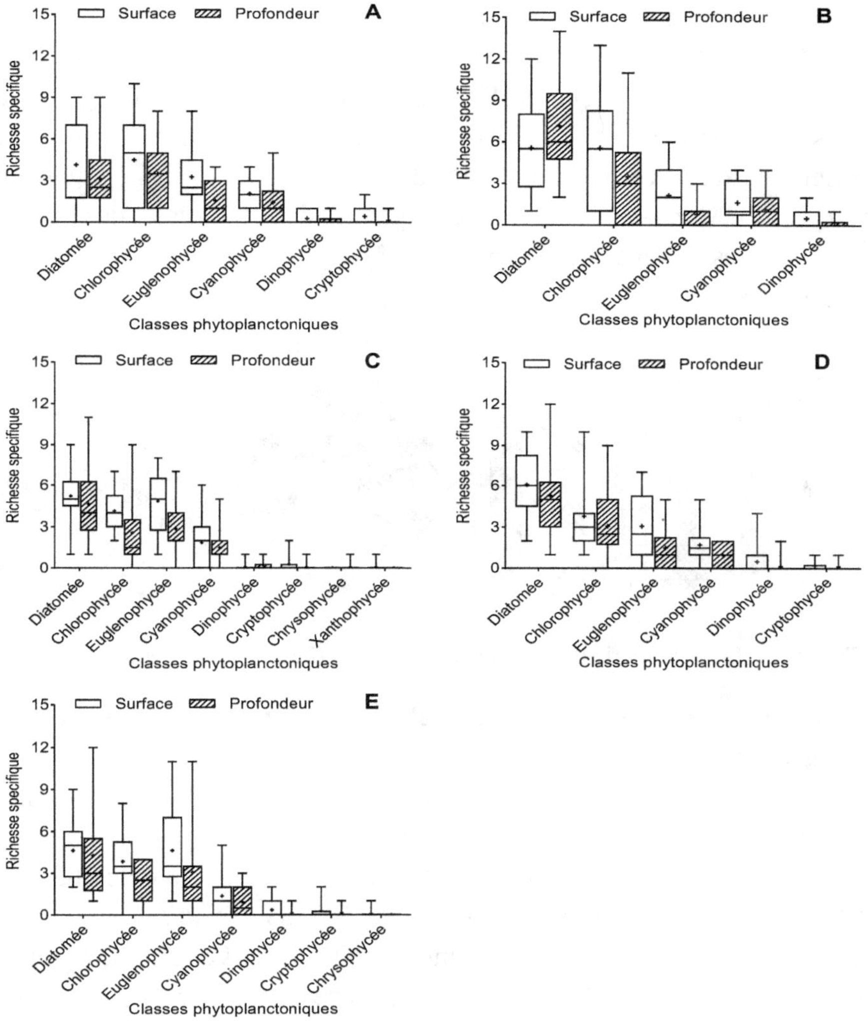

Figure 44: Variation de la richesse spécifique des différentes classes phytoplanctoniques des eaux des étangs Mokolo (A), Mopa (B), Côte d'azur (C), Ngaikada (D) et Kpokolota (E) pendant la période d'étude.

III.1.2.3. Densité des organismes phytoplanctoniques

III.1.2.3.1. Densité totale du phytoplancton des étangs étudiés

L'étang Côte d'azur a la densité la plus élevée avec 711600 ind./L représentant 22,03 % de la densité totale, suivi de l'étang Kpokolota avec 693000 ind./L (21,45 %), l'étang Mopa avec 687400 ind./L (21,28 %), l'étang Mokolo avec 640700 ind./L (19,83 %) et l'étang Ngaikada avec la plus faible densité de 498000 ind./L représentant 15,41 % de la densité totale (Figure 45). Le test H de Kruskal-Wallis montre une différence significative (p < 0,05*) de la densité des étangs étudiés. Le test U de Mann-Whitney montre que la densité totale de l'étang Ngaikada est moins élevée (p < 0,05*) que celles des autres étangs (Figure 45).

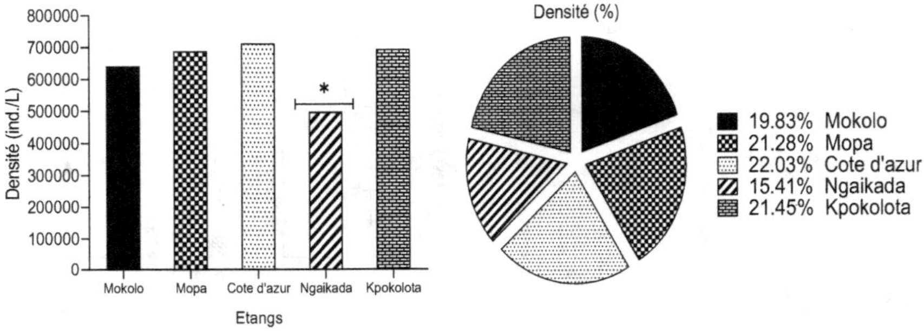

Figure 45: Densité totale du phytoplancton des différents étangs étudiés.

III.1.2.3.2. Dynamique spatiale et saisonnière de la densité des étangs étudiés

La densité a varié de la surface en profondeur et d'une saison à l'autre pendant la période d'étude. En saison sèche, les données de surface varient de 4800 à 62800 ind./L avec une moyenne de 30320 ± 14335 ind./L et en profondeur de 2500 à 83700 ind./L avec une moyenne de 19787 ± 16178 ind./L. On observe une différence significative (p < 0,05*) entres les données de surface par rapport à ceux de profondeur en saison sèche (Figure 46A).

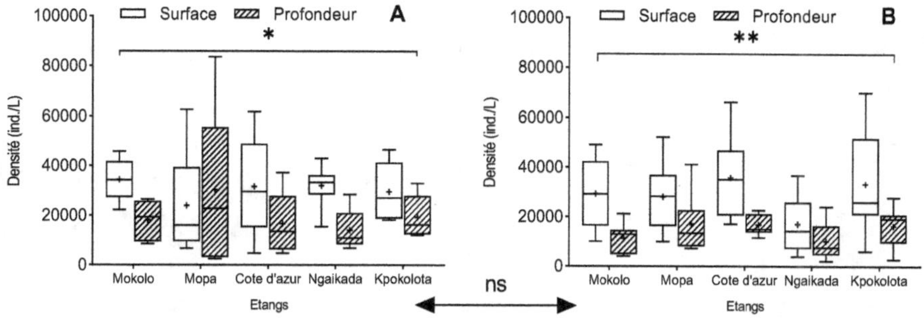

Figure 46: Variation de la densité totale du phytoplancton des eaux des étangs en saison sèche (A) et en saison pluvieuse (B) pendant la période d'étude.

En saison pluvieuse, les données de surface varient de 4000 à 70100 ind./L avec une moyenne de 28735 ± 16047 ind./L et en profondeur de 2100 à 41200 ind./L avec une moyenne de 14453 ± 7993 ind./L. On observe une différence significative (p < 0,01**) des valeurs de surface par rapport à celles de profondeur en saison pluvieuse (Figure 46B). Le test U de Mann-Whitney ne montre aucune différence significative (ns) des données de la densité entre la saison sèche et la saison pluvieuse.

III.1.2.3.3. Densité totale des différentes classes phytoplanctoniques

La densité des différentes classes phytoplanctoniques varie d'un étang à l'autre. Elle est surtout dominée par les Diatomées dans les étangs Mopa (362900 ind./L) et Ngaikada (216500 ind./L). Les Euglénophycées dominent dans les étangs Côte d'azur (224400 ind./L) et Kpokolota (220500 ind./L) tandis que les Chlorophycées dominent dans l'étang Mokolo (295100 ind./L). La Classe des Cyanophycées (< 83000 ind./L) a été moyennement représentée tandis que les Dinophycées (< 27000 ind./L), les Cryptophycées (< 22000 ind./L), les Xanthophycées (< 10000 ind./L) et les Chrysophycées (< 1000 ind./L) ont obtenu des densités très peu élevées pendant toute la période d'étude (Figure 47).

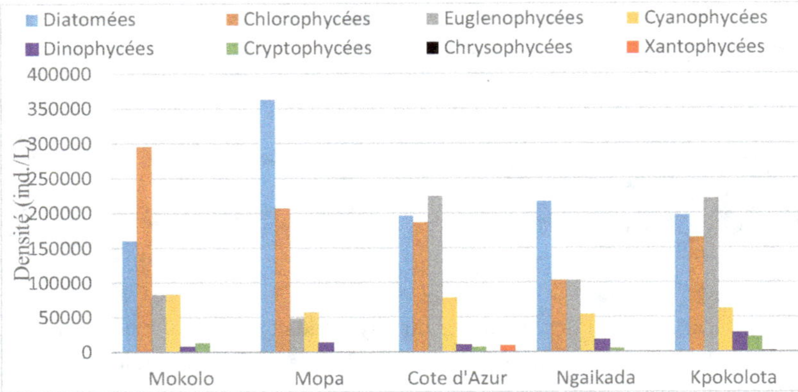

Figure 47: Distribution de la densité globale des différentes classes phytoplanctoniques des eaux des étangs étudiés.

III.1.2.3.4. Dynamique de la Densité des classes phytoplanctoniques

La densité la plus élevée est celle des Chlorophycées dans l'étang Mokolo (Figure 48A) avec des moyennes de 14300 ± 10589 ind./L (surface) et de 6779 ± 6076 ind./L (profondeur), suivi des Diatomées dans l'étang Mopa (Figure 48B) avec une moyenne en surface de 12286 ± 11681 ind./L et en profondeur de 13636 ± 16016 ind./L, des Euglénophycées dans l'étang Côte d'azur (Figure 48C) avec des moyennes de 11615 ± 9773 ind./L (surface) et de 4415 ± 3490 ind./L (profondeur) et des Cyanophycées dans l'étang Mokolo avec des moyennes de 4293 ± 3999 ind./L (surface) et de 1629 ± 1778 ind./L (profondeur). Les Cryptophycées et les Dinophycées ont de faibles densités avec des moyennes ne dépassant pas 700 ind./L en surface et en profondeur pendant l'étude. Les Chrysophycées et les Xanthophycées avec de très faibles densités et absents dans la plupart des étangs n'ont pas été pris en compte dans cette partie (Figure 48).

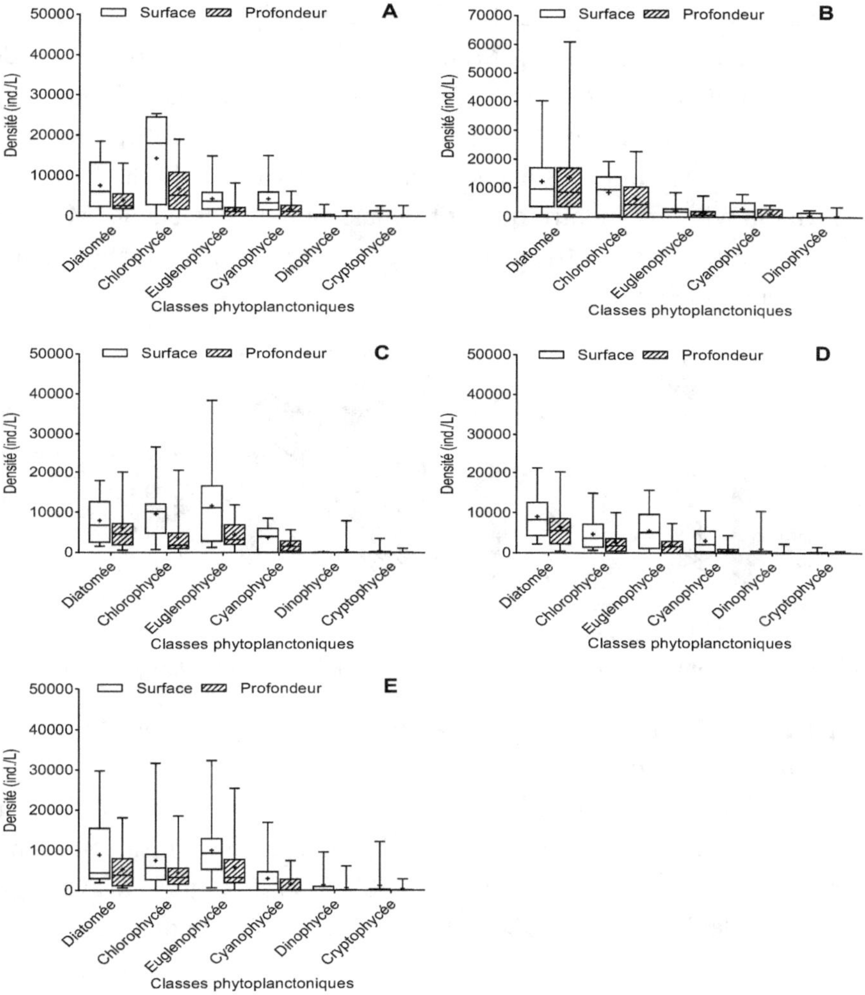

Figure 48: Variation de la densité des différentes classes phytoplanctoniques des eaux des étangs Mokolo (A), Mopa (B), Côte d'azur (C), Ngaikada (D) et Kpokolota (E) pendant la période d'étude.

III.1.2.4. Biomasse des organismes phytoplanctoniques

III.1.2.4.1. Biomasse totale du phytoplancton des étangs étudiés

L'étang Kpokolota a la biomasse phytoplanctonique la plus élevée qui est de 9171000 µgC/L représentant 24,14 % de la biomasse totale suivi de l'étang Mopa avec 8391000 µgC/L (22,09 %), l'étang Côte d'azur avec 7398750 µgC/L (19,48 %), l'étang Ngaikada avec 7065750 µgC/L (18,60 %) et l'étang Mokolo avec la plus faible biomasse de 5963250 µgC/L représentant 15,70 % de la biomasse totale (Figure 49). Le test H de Kruskal-Wallis montre une différence significative ($p < 0,05^*$) de la biomasse des étangs pendant la période d'étude. Le test U de Mann-Whitney montre que la biomasse totale des étangs Mopa et Kpokolota est significativement plus élevée ($p < 0,05^*$) que celles des autres étangs (Figure 49).

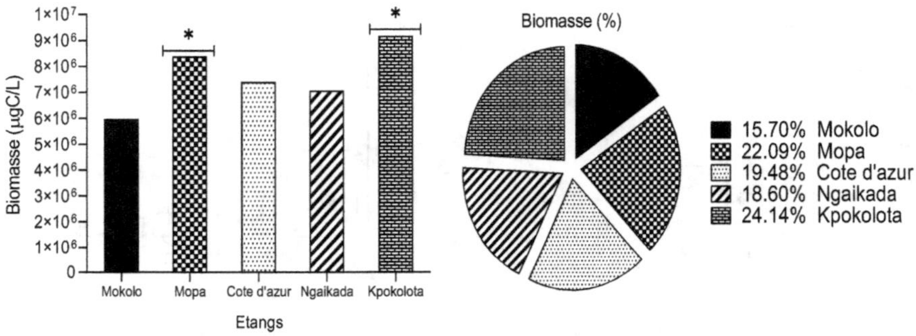

Figure 49: Biomasse phytoplanctonique totale des différents étangs étudiés.

III.1.2.4.2. Dynamique spatiale et saisonnière de la biomasse phytoplanctonique

La biomasse phytoplanctonique varie de la surface en profondeur et d'une saison à l'autre pendant la période d'étude. En saison sèche, les données de surface varient de 4500 à 774000 µgC/L avec une moyenne de 264525 ± 219048,19 µgC/L et en profondeur de 3750 à 685500 µgC/L avec une moyenne de 244625 ± 153656,69 µgC/L (Figure 50A).

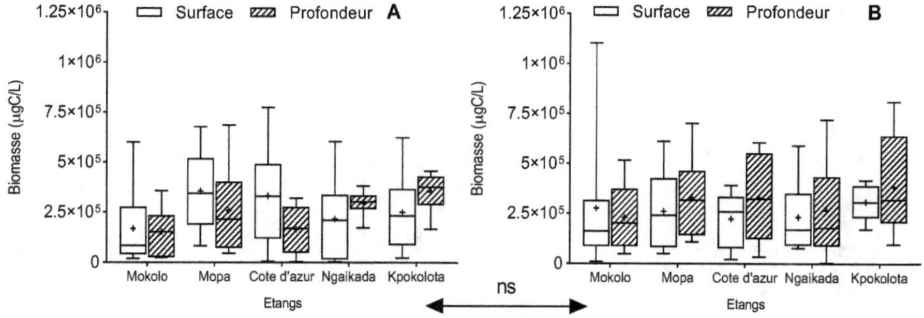

Figure 50: Variation de la biomasse phytoplanctonique des eaux des étangs en saison sèche (A) et en saison pluvieuse (B) pendant la période d'étude.

En saison pluvieuse, les données de surface varient de 10500 à 1103250 µgC/L avec une moyenne de 260381,25 ± 200457,929 µgC/L et en profondeur de 4500 à 812250 µgC/L avec une moyenne de 307500 ± 214843,79 µgC/L (Figure 50B). Le test U de Mann-Whitney ne montre aucune différence significative (ns) des données de la biomasse entre la saison sèche et la saison pluvieuse pendant la période d'étude.

III.1.2.5. Dynamique spatiotemporelle des taxa dominants

Les espèces dominantes ont des densités élevées, toutes supérieures à 10 % de la densité totale récoltée tous les mois, dans tous les étangs pendant toute la période d'étude (Figure 51).

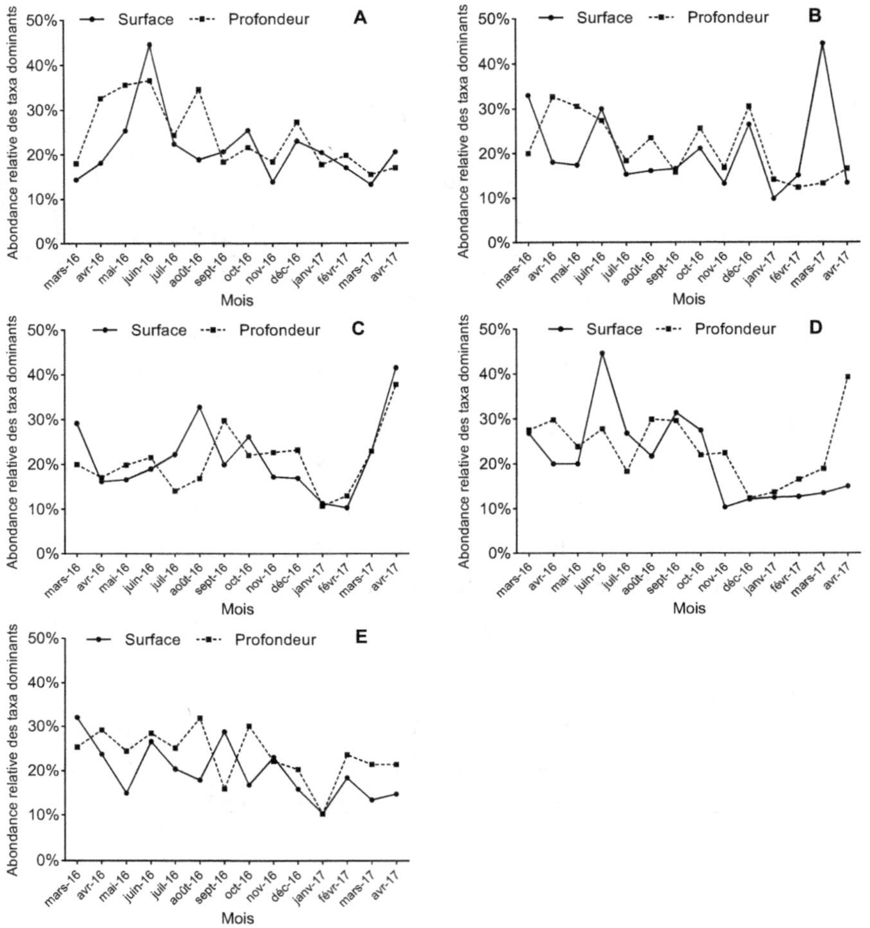

Figure 51: Variation des espèces phytoplanctoniques dominantes des eaux des étangs Mokolo (A), Mopa (B), Côte d'azur (C), Ngaikada (D) et Kpokolota (E) pendant l'étude.

Dans l'étang Mokolo (Figure 51A), les espèces dominantes sont surtout représentées en surface par l'espèce *Azpeitia africana* au mois de juin 2016 avec 4500 ind./L correspondant à 44,55 % de la densité totale tandis qu'en profondeur la même espèce avec 1500 ind./L (juin 2016) représente 36,59 % de la densité totale ce mois-là. Dans l'étang Mopa (Figure 51B) en surface, l'espèce *Eresmophaera gigas* est dominante avec 6200 ind./L (mars 2017) représentant 44,44 % et en profondeur l'espèce *Thalassiosira subtilis* avec 3500 ind./L (avril 2016) correspondant à 32,71 % de la densité totale. L'étang Côte d'azur (Figure 51C) en surface est plus représenté par l'espèce *Groembladia neglecta* au mois d'avril 2017 avec 7100 ind./L (41,52 %) et en profondeur par l'espèce *Prorocentrum dentatum* au mois d'avril 2017 avec 7900 ind./L correspondant à 37,8 % de la densité totale. L'étang Ngaikada (Figure 51D) en surface est dominé par l'espèce *Stauroneis phoenicenteron* avec 2900 ind./L (juin 2016) pour 44,62 % et en profondeur par l'espèce *pinnularia acrosphaeria* avec 2200 ind./L (avril 2017) représentant 39,29 % de la densité totale. L'étang Kpokolota (Figure 51E) est surtout représenté en surface par l'espèce *Azpeitia africana* avec 9000 ind./L (32,03 %) en mars 2016 et en profondeur par l'espèce *aphanocapsa incerta* avec 2900 ind./L en août 2016 pour 31,87 % de la densité totale pendant la période d'étude (Figure 51).

III.1.3. Analyse statistique des données phytoplanctoniques

III.1.3.1. Fréquence d'occurrence

La structure de la fréquence d'occurrence (Figure 52) au cours de cette étude a été la même dans tous les étangs, largement dominée par les taxa rares qui représentent 75 à 80 % de la richesse spécifique totale, suivi des taxa accessoires (10 - 15 %), des taxa constants (3 - 5 %), des taxa réguliers (1 – 2 %) et des taxa omniprésents (< 1 %) enregistrés dans les étangs pendant toute la période d'étude (Tableau XVII).

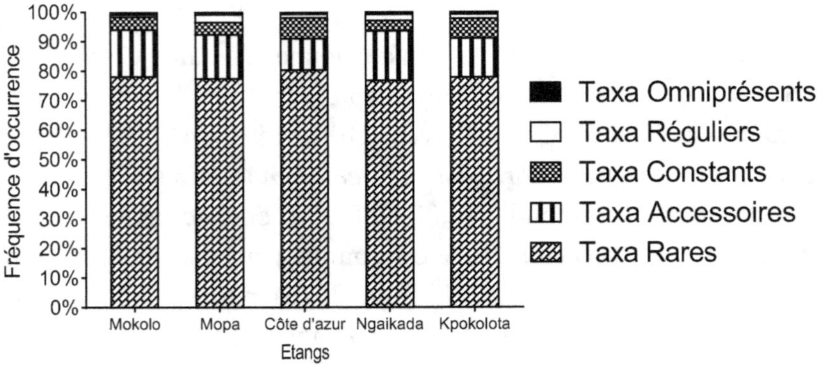

Figure 52: Fréquence d'occurrence des taxa phytoplanctoniques des étangs pendant la période d'étude.

Tableau XI : Fréquence d'occurrence des organismes phytoplanctoniques récoltes dans les étangs de Bertoua pendant la période d'étude.

Etangs	Taxa Rares	Taxa Accessoires	Taxa Constants	Taxa Réguliers	Taxa Omniprésents
Mokolo	78,26	15,94	4,35	0,72	0,72
Mopa	77,55	14,97	4,08	2,72	0,68
Côte d'azur	80,50	10,69	6,92	1,26	0,63
Ngaikada	76,92	16,78	3,50	2,10	0,70
Kpokolota	77,94	13,24	6,62	1,47	0,74

III.1.3.2. Indice de diversité de Shannon et Weaver (H')

L'indice de diversité de Shannon et Weaver a été élevé comparativement à sa valeur maximale qui est Log2S pendant la période d'étude. En saison sèche, les données de surface varient de 2,29 à 4,29 bits/ind avec une moyenne de 3,6 ± 0,5 bits/ind et en profondeur de 2,51 à 4,11 bits/ind avec une moyenne de 3,33 ± 0,42 bits/ind (Figure 53A). En saison pluvieuse, les données de surface varient de 2,23 à 4,2 bits/ind avec une moyenne de 3,26 ± 0,43 bits/ind et en profondeur de 2,14 à 3,97 bits/ind avec une moyenne de 2,89 ± 0,42 bits/ind On observe une différence significative ($p < 0,05*$) des données de surface par rapport à ceux de profondeur en saison pluvieuse (Figure 53B). Le test U de Mann-Whitney montre une différence significative (p < 0,01**) de cet indice entre la saison sèche et la saison pluvieuse pendant la période d'étude.

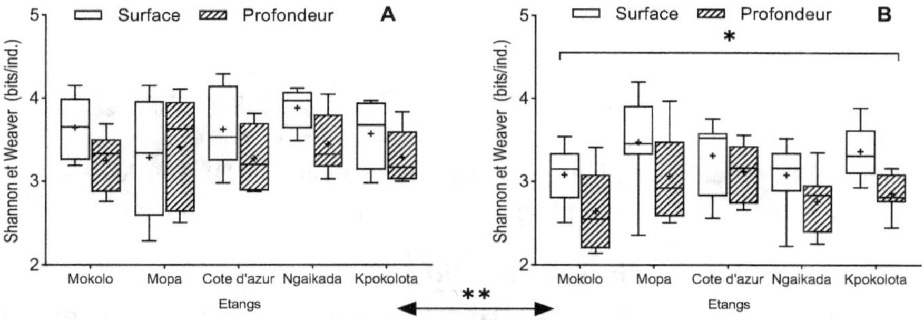

Figure 53: Variation de l'indice de diversité de Shannon et Weaver (H') dans les étangs en saison sèche (A) et en saison pluvieuse (B) pendant la période d'étude.

III.1.3.3. Indice de diversité de Simpson (D)

L'indice de diversité de Simpson a été élevé comparativement à sa valeur maximale qui est de 1 dans tous les étangs pendant la période d'étude (Figure 54). En saison sèche, les données de surface varient de 0,76 à 0,94 bits/ind avec une moyenne de 0,9 ± 0,05 bits/ind et en profondeur de 0,82 à 0,94 bits/ind avec une moyenne de 0,89 ± 0,03 bits/ind (Figure 54A). En saison pluvieuse, les données de surface varient de 0,73 à 0,94 bits/ind avec une moyenne de 0,87 ± 0,05 bits/ind et en profondeur de 0,76 à 0,92 bits/ind avec une moyenne de 0,84 ± 0,04 bits/ind (Figure 54B). Le test U de Mann-Whitney montre une différence significative (p < 0,01**) de l'indice de Simpson entre les saisons pendant la période d'étude.

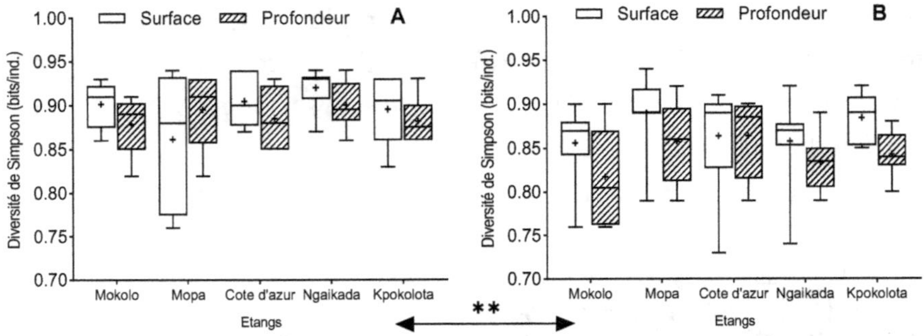

Figure 54: Variation de l'indice de diversité de Simpson (D) dans les étangs en saison sèche (A) et en saison pluvieuse (B) pendant la période d'étude.

III.1.3.4. Indice de diversité de Hill

L'indice de diversité de Hill a été élevé comparativement à sa valeur maximale qui est de 1 pendant l'étude (Figure 55). En saison sèche, les données de surface varient de 0,87 à 0,99 bits/ind avec une moyenne de 0,96 ± 0,03 bits/ind et en profondeur de 0,9 à 0,98 bits/ind avec une moyenne de 0,96 ± 0,02 bits/ind (Figure 55A). En saison pluvieuse, les données de surface varient de 0,85 à 0,98 bits/ind avec une moyenne de 0,95 ± 0,03 bits/ind et en profondeur de 0,85 à 0,98 bits/ind avec une moyenne de 0,93 ± 0,03 bits/ind On observe une différence significative ($p < 0{,}05$*) de l'indice de diversité de Hill entre la surface et la profondeur des étangs en saison pluvieuse (Figure 55B). Le test U de Mann-Whitney montre une différence significative ($p < 0{,}01$**) de l'indice de diversité de Hill entre les saisons pendant l'étude.

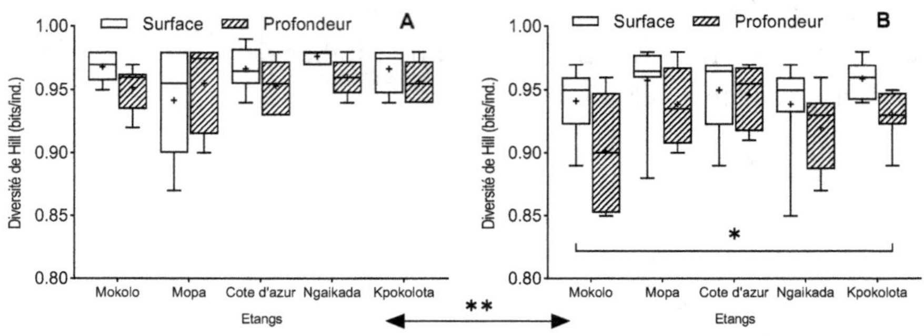

Figure 55: Variation de l'indice de diversité de Hill dans les étangs en saison sèche (A) et en saison pluvieuse (B) pendant la période d'étude.

III.1.3.5. Indice d'équitabilité de Piélou (E)

L'équitabilité de Piélou a été faible comparativement à sa valeur maximale qui est de 1 pendant l'étude. En saison sèche, les données de surface varient de 0,32 à 0,59 avec une moyenne de 0,5 ± 0,07 et en profondeur de 0,35 à 0,57 avec une moyenne de 0,46 ± 0,06 (Figure 56A). En saison pluvieuse, les données de surface varient de 0,31 à 0,58 avec une moyenne de 0,45 ± 0,06 et en profondeur de 0,3 à 0,55 avec une moyenne de 0,4 ± 0,06. On observe une différence significative (p < 0,01**) des données de surface par rapport à celles de profondeur en saison pluvieuse (Figure 56B). Le test U de Mann-Whitney montre une différence significative (p < 0,01**) de l'indice d'équitabilité de Piélou entre les saisons pendant la période d'étude.

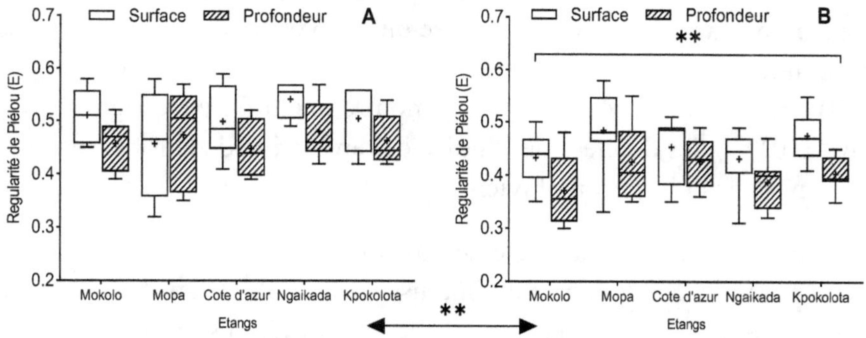

Figure 56: Variation de l'indice d'équitabilité de Piélou (E) des étangs en saison sèche (A) et en saison pluvieuse (B) pendant la période d'étude.

III.1.3.6. Indice de raréfaction de Hurlbert (r)

L'indice de raréfaction de Hurlbert est élevé dans tous les étangs pendant la période d'étude (Figure 57).

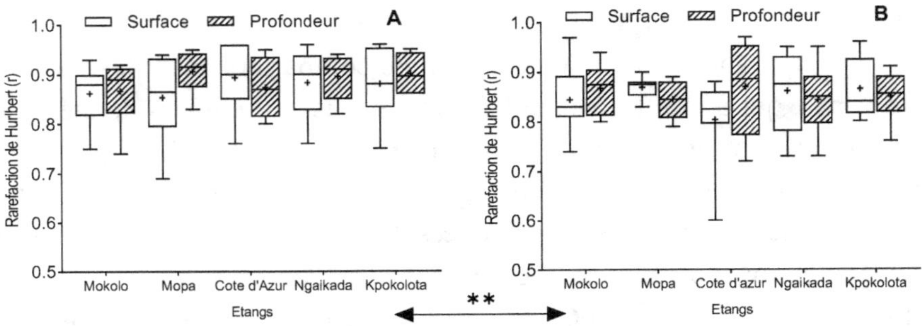

Figure 57: Variation de l'indice de raréfaction de Hurlbert (r) des étangs en saison sèche (A) et en saison pluvieuse (B) pendant la période d'étude.

En saison sèche, les données de surface varient de 0,69 à 0,96 avec une moyenne de 0,87 ± 0,07 et en profondeur de 0,74 à 0,95 avec une moyenne de 0,89 ± 0,05 (Figure 57A). En saison pluvieuse, les données de surface varient de 0,6 à 0,97 avec une moyenne de 0,85 ± 0,07 et en profondeur de 0,72 à 0,97 avec une moyenne de 0,86 ± 0,06 (Figure 57B). Le test U de Mann-Whitney montre une différence significative ($p < 0,01$**) des données de l'indice de raréfaction de Hurlbert entre la saison sèche et la saison pluvieuse pendant la période d'étude.

III.1.3.7. Indice de similarité de Sörensen (S)

L'indice de similarité de Sörensen a été calculé sur la base de la ressemblance taxonomique des différents peuplements phytoplanctoniques des étangs étudiés. Ces étangs ont des peuplements phytoplanctoniques moyennement semblables. La plus similarité la plus élevée a été observée entre l'étang Côte d'azur et l'étang Ngaikada avec un taux de ressemblance de 55 % tandis que la similarité moins élevée a été observée entre l'étang Mopa et l'étang Kpokolota avec un taux de ressemblance de 42 % (Tableau XVIII).

Tableau XII: Indice de similarité de Sörensen entre les différents étangs étudiés.

Etangs	Mokolo	Mopa	Côte d'azur	Ngaikada
Mopa	44 %			
Côte d'azur	**51 %**	**54 %**		
Ngaikada	49 %	**52 %**	**55 %**	
Kpokolota	45 %	42 %	46 %	45 %

III.1.3.8. Diagramme Rang-Fréquence (DRF)

La représentation schématique des Diagrammes Rang-Fréquence (DRF) en vue de décrire la structure des communautés phytoplanctoniques des étangs pendant la période d'étude présente toute une allure linéaire, subrectiligne, par augmentation des espèces les plus abondantes qui ont tendance à monopoliser l'espace et les ressources nutritives. L'allure de ces courbes représente le stade 3 de l'évolution des communautés planctoniques (Figure 58). Les espèces prédominantes en saison sèche (Figure 58A) sont constituées essentiellement de *Chlorella vulgaris*, *Stauroneis phoenicenteron*, *Volvox dissipathrix*, *Azpeitia africana* et *Navicula* sp., tandis qu'en saison pluvieuse (Figure 58B) ces espèces prédominantes sont constituées de *Azpeitia africana*, *Pinnularia gibba*, *Azpeitia africana*, *Cyclotella meneghianiana* et *Phacus orbicularis* respectivement dans les étangs Mokolo, Mopa, Côte d'azur, Ngaikada et Kpokolota (Figure 58).

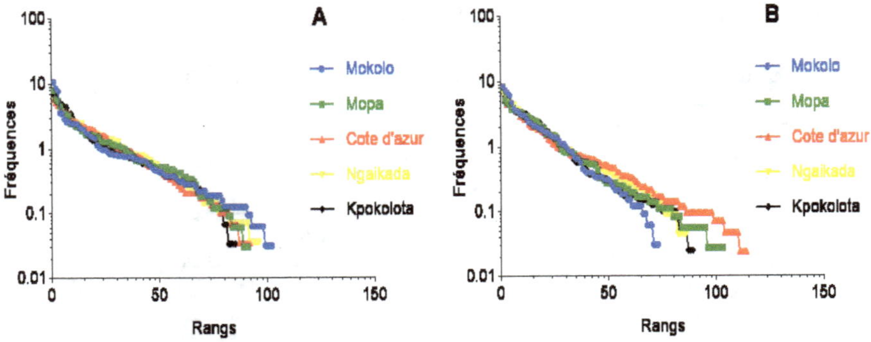

Figure 58: Courbes des Diagrammes Rang-Fréquence des étangs en saison sèche (A) et en saison pluvieuse (B) pendant la période d'étude.

III.1.4. Approche typologique des étangs en fonction des variables physicochimiques et biologiques

III.1.4.1. Approche typologique des étangs en fonction des variables physicochimiques

III.1.4.1.1. Classification Ascendante Hiérarchique (CAH) des étangs basés sur les variables physicochimiques

Une Classification Ascendante Hiérarchique (CAH) a été effectuée entre les étangs étudiés afin de créer des classes de qualité physicochimique des eaux des étangs. La CAH réalisée à partir des données environnementales a défini trois classes d'étangs. La classe I est représentée par l'étang Mokolo, la classe II représentée par les étangs Mopa et Côte d'azur et la classe III représentée par les étangs Ngaikada et Kpokolota (Figure 59).

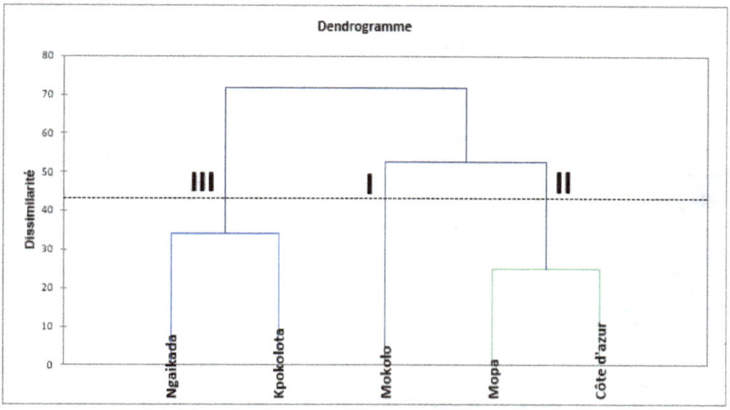

Figure 59: Classification Ascendante Hiérarchique (CAH) des étangs en fonction des paramètres environnementaux enregistrés pendant la période d'étude. NB : les chiffres romains I, II et III désignent les classes constituées.

III.1.4.1.2. Analyse en Composantes principales (ACP) basée sur les données physicochimiques

Une Analyse en Composantes Principales (ACP) a été faite à la suite de la CAH pour déterminer les paramètres physicochimiques caractéristiques des différentes classes constituées. L'essentiel de la variance totale fournie par les deux premiers axes factoriels F1 (55,57 %) et F2 (34,91 %) cumulent 90,48 % de l'inertie totale (Figure 60A).

Sur le cercle de corrélation (Figure 60B), Le potentiel hydrogène (pH), les orthophosphates (PO4) et le dioxyde de carbone dissous (CO_2) sont d'une part, positivement et significativement corrélés entre eux et d'autre part, significativement et positivement corrélés à l'axe F2. De même, la transparence (Trans), la température (T), l'oxydabilité (Oxyd), l'azote ammoniacal (NH4) et l'oxygène dissous (O2%) sont significativement et positivement corrélés entre eux, et négativement corrélés à l'axe F2. Par contre, les Matières En Suspension (MES), les Solides Totaux Dissous (*TDS*), la conductivité électrique (Cond), les nitrites (NO2), l'alcalinité (Alcal), la dureté calcique (Duret), la chlorophylle 'c' (Chl 'c') et les phéopigments (Phéo) sont d'une part, significativement et positivement corrélés entre eux et, d'autre part, significativement et positivement corrélés à l'axe F1.

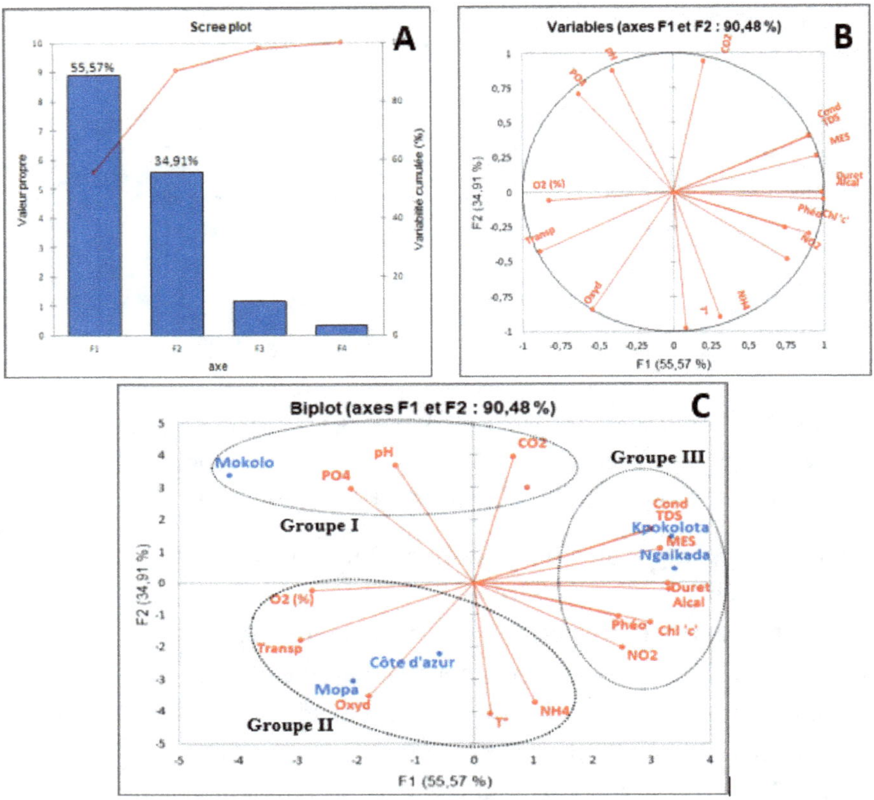

Figure 60: Analyse en Composantes Principales (ACP) effectuée sur les variables environnementales des étangs pendant la période d'étude : (A) Histogramme des valeurs propres ; (B) Cercle de corrélation entre les variables et les axes factoriels F1 et F2 ; (C) Biplot montrant la distribution des étangs en rapport avec leurs caractéristiques abiotiques dans le plan factoriel F1 X F2. Acronymes : MES : Matières En Suspension ; *TDS* : Solides Totaux Dissous ; Cond : Conductivité électrique ; NO2 : Nitrites ; Alcal : alcalinité ; Duret : Dureté calcique ; Chl 'c' : Chlorophylle 'c' ; Phéo : Phéopigments ; Trans : Transparence ; O2% : Pourcentage de saturation en oxygène dissous PO4 : Orthophosphates ; pH : potentiel hydrogène ; CO2 : Dioxyde de carbone dissous ; T : Température ; Oxyd : Oxydabilité ; NH4 : Azote ammoniacal.

La carte factorielle (Figure 60C) présente une distribution des 5 étangs en rapport avec à leurs caractéristiques physicochimiques. Trois grands groupes se dégagent dans ce plan factoriel caractéristique des classes formées par la Classification Ascendante Hiérarchique.

- Le Groupe I dont l'axe F2 discrimine en coordonnées positives l'étang Mokolo, caractérisé par des eaux ayant des valeurs de pH élevées, des teneurs élevées en CO_2 dissous et en orthophosphates (Figure 60C) ;
- Le Groupe II dont l'axe F2 discrimine dans sa partie négative les étangs Mopa et Côte d'azur caractérisés par des eaux oxygénées, riches en matières organiques avec des températures élevées (Figure 60C) ;
- Le Groupe III dont l'axe F1 isole dans sa partie positive les étangs Ngaikada et Kpokolota qui se distinguent par une forte minéralisation de la matière organique, des eaux alcalines, avec une dureté, une conductivité électrique et des teneurs en pigments photosynthétiques élevées (Figure 60C).

III.1.4.2. Approche typologique des étangs en fonction des variables biologiques

III.1.4.2.1. Classification Ascendante Hiérarchique (CAH) des étangs basés sur les peuplements phytoplanctoniques

La CAH réalisée à partir des données biologiques a permis de définir trois classes d'étangs. La classe I est représentée par les étangs Ngaikada, Mokolo et Côte d'azur, la classe II par l'étang Mopa et la classe III par l'étang Kpokolota (Figure 61).

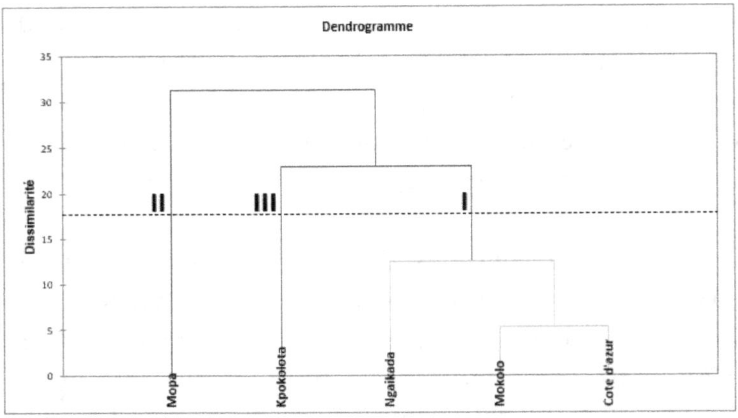

Figure 61: Classification Ascendante Hiérarchique des étangs à partir des densités phytoplanctoniques enregistrées pendant la période d'étude. NB : les chiffres romains I, II et III désignent les classes constituées.

III.1.4.2.2. Analyse en Composantes principales (ACP) basée sur les peuplements phytoplanctoniques

Une Analyse en Composantes Principales (ACP) a été effectuée pour déterminer les organismes phytoplanctoniques caractéristiques des différentes classes formées. L'essentiel de la variance totale est fourni par les deux premiers axes factoriels F1 (50,74 %) et F2 (29,43 %) qui cumulent 80,17 % de l'inertie totale (Figure 62A).

Sur le cercle de corrélation (Figure 62B), les taxa *Aphanocapsa incerta* (Apinc), *Chlorella vulgaris* (Chvul), *Azpeitia africana* (Azafr), *Microcystis aeruginosa* (Miaer), *Leponcinclis ovum* (Leovu) et *Trachelomonas armata* (Trarm) sont significativement et positivement corrélés entre eux, et positivement corrélés à l'axe F2. De même, les espèces *Rhizolenia* spp. (Rhsp.), *Euglena oxyuris* (Euoxy), *Euglena proxima* (Eupro), *Navicula cryptotenella* (Nacry) et *Phacus orbicularis* (Phorb) sont d'une part, positivement et significativement corrélées entre elles, et d'autre part, significativement et négativement corrélées à l'axe F2. Par contre, les espèces *Pleurotaenium trabecula* (Prtra), *Stauroneis phoenicenteron* (Stpho), *Synechococcus aeruginosa* (Syaer), *Pinnularia gibba* (Pigib), *Navicula cuspidata* (Nacus),

Gomphonema affine (Goaff) et *Groembladia neglecta* (Grneg) sont d'une part, significativement et positivement corrélées entre elles, et d'autre part, significativement et positivement corrélées à l'axe F1.

La carte factorielle (Figure 62C) présente une distribution des 5 étangs relatifs leurs caractéristiques biologiques. Trois grands groupes se dégagent dans ce plan factoriel :

- Le Groupe I discrimine par l'axe F2 en cordonnées positives les étangs Mokolo, Côte d'azur et Ngaikada (Classe I de la CAH), caractérisé par la densité élevée des Euglénophycées *Leponcinclis ovum* (Leovu) et *Trachelomonas armata* (Trarm), de la Diatomée *Azpeitia africana* (Azafr), de la Chlorophycée *Aphanocapsa incerta* (Apinc) et des Cyanophycées *Chlorella vulgaris* (Chvul) et *Microcystis aeruginosa* (Miaer) (Figure 62C).

- Le Groupe II discrimine par l'axe F1 en coordonnées positives l'étang Mopa (Classe II de la CAH), caractérisé par la densité élevée des Diatomées *Stauroneis phoenicenteron* (Stpho), *Pinnularia gibba* (Pigib), *Navicula cuspidata* (Nacus) et *Gomphonema affine* (Goaff), des Chlorophycées *Pleurotaenium trabecula* (Prtra) et *Groembladia neglecta* (Grneg) et de la Cyanophycée *Synechococcus aeruginosa* (Syaer) (Figure 62C).

- Le Groupe III discrimine par l'axe F2 en cordonnées négatives l'étang Kpokolota (classe III de la CAH), et se distingue par la densité élevée des Euglénophycées *Phacus orbicularis* (Phorb), *Euglena oxyuris* (Euoxy) et *Euglena proxima* (Eupro) et des Diatomées *Navicula cryptotenella* (Nacry) et *Rhizolenia* spp. (Rhspp.) (Figure 62C).

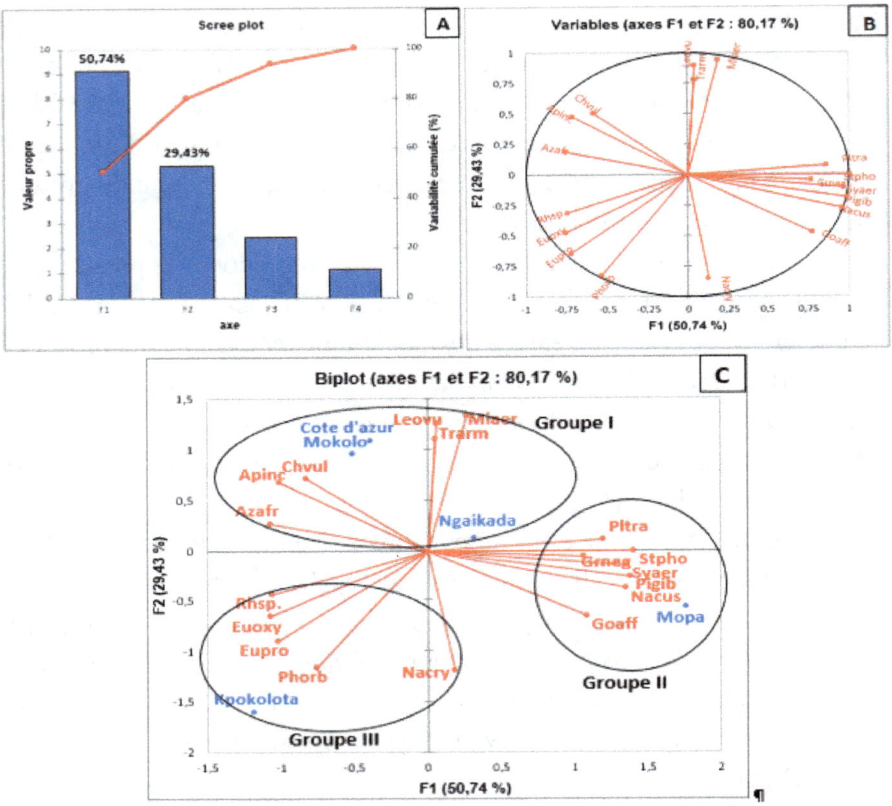

Figure 62: Résultat de l'Analyse en Composantes Principales (ACP) effectuée sur les densités phytoplanctoniques des différents étangs étudiés : (A) Histogramme des valeurs propres ; (B) Cercle de corrélation entre les variables et les axes factoriels F1 et F2 ; (C) Biplot montrant la distribution des étangs en rapport avec leurs caractéristiques biologiques dans le plan factoriel F1 X F2. Acronymes : *Pleurotaenium trabecula* (Prtra) ; *Stauroneis phoenicenteron* (Stpho) ; *Synechococcus aeruginosa* (Syaer) ; *Pinnularia gibba* (Pigib) ; *Navicula cuspidata* (Nacus) ; *Gomphonema affine* (Goaff) ; *Groembladia neglecta* (Grneg) ; *Aphanocapsa incerta* (Apinc) ; *Chlorella vulgaris* (Chvul) ; *Azpeitia africana* (Azafr) ; *Rhizolenia* spp. (Rhsp.) ; *Euglena oxyuris* (Euoxy) ; *Euglena proxima* (Eupro) ; *Microcystis aeruginosa* (Miaer) ; *Leponcinclis ovum* (Leovu) ; *Trachelomonas armata* (Trarm) ; *Navicula cryptotenella* (Nacry) et *Phacus orbicularis* (Phorb).

III.1.5. Facteurs abiotiques influençant l'abondance des organismes phytoplanctoniques

III.1.5.1. Analyse de redondance entre variables abiotiques et taxa phytoplanctoniques

L'influence des variables environnementales sur l'abondance des principaux taxa phytoplanctoniques a été effectuée par une Analyse de Redondance (RDA). Les taxa omniprésents, réguliers et constants sont ceux qui ont été pris en compte dans cette analyse. Le test de Monte-Carlo (n = 1000 permutations) indique que les résultats de cette analyse sont significatifs (p < 0,05*). Les axes F1 = 43,52 % et F2 = 33,43 % utilisés pour l'expression des résultats de la RDA cumulent 76,95 % de l'inertie totale ce qui justifie le choix de ces 2 axes pour l'expression des résultats de cette analyse (Tableau XXIV).

Tableau XIII: Pourcentages d'informations exprimées par les quatre axes de l'Analyse de Redondance (RDA) des taxa phytoplanctoniques.

Axes	**F1**	**F2**	**F3**	**F4**
Valeurs propres	179,197	137,676	52,794	42,110
Inertie contrainte (%)	43,518	33,435	12,821	10,226
Pourcentage cumulé (%)	43,518	76,953	89,774	100

Le tableau XXIV montre les valeurs propres des 4 axes, de même que les pourcentages de variance exprimés par ces axes extraits par la RDA. Dans l'interprétation des ordinations, les axes F1 et F2 qui à eux seuls expriment la grande variabilité (76,95 %) ont été considérés. Une décroissance progressive dans la grandeur des valeurs propres de ces 4 axes s'observe avec toutefois une baisse entre le premier et le second axe.

Les espèces abondantes semblent pouvoir jouer un rôle important dans l'ordination fournie par l'analyse RDA en se retrouvant dans les positions extrêmes. Par contre, les espèces qui ont une faible contribution se retrouvent plus généralement dans la partie centrale.

L'ordination de cette analyse de Redondance suivant les axes factoriels F1 et F2 détermine les communautés phytoplanctoniques associées aux paramètres environnementaux (Figure 63).

Les espèces *Volvox dissipathrix* (Vodis), *Volvox tertius* (Voter), *Chlorella vulgaris* (Chvul), *Eresmophaera gigas* (Ergig), *Microcystis aeruginosa* (Miaer) et *Aphanocapsa incerta* (Apinc) sont fortement influencées par la couleur de l'eau, les teneurs élevées en orthophosphates et en nitrates (Figure 63).

Les espèces *Pinnularia gibba* (Pigig), *Stauroneis phoenicenteron* (Stpho), *Gomphonema affine* (Goaff), *Navicula cuspidata* (Nacus), *Groenbladia neglecta* (Grneg), *Synechococcus aeruginosa* (Syaer) et *Pleurotaenium trabecula* (Pltra) sont influencées par des températures élevées, des teneurs élevées en azote ammoniacal, turbidité et oxydabilité. Ce groupe est corrélé négativement au CO_2 indiquant que leur maximum d'abondance s'obtient à de faibles concentrations de cette variable (Figure 63).

Les espèces *Phacus orbicularis* (Phorb), *Xanthidium cristatum* (Xacris), *Microcystis delicalissima* (Midel) et *Phacus pleuronectes* (Phple) préfèrent les eaux riches en MES et *TDS* avec des teneurs élevées en Chlorophylle 'a' et en nitrites (Figure 63).

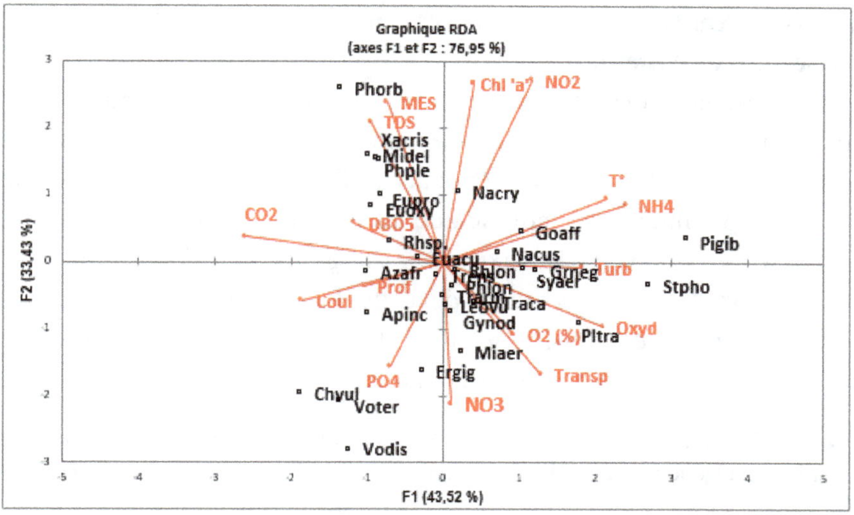

Figure 63: Analyse de Redondance (RDA) des principaux taxa phytoplanctoniques associés aux variables environnementales. Acronymes : MES : Matières En Suspension ; *TDS* : Solides Totaux Dissous ; NO2 : Nitrites ; Chl 'a' : Chlorophylle 'a' ; Trans : Transparence ; O2 (%) : Pourcentage de saturation en oxygène dissous PO4 : Orthophosphates ; CO2 : Dioxyde de carbone dissous ; T : Température ; Oxyd : Oxydabilité ; NH4 : Azote ammoniacal ; DBO_5 : Demande biochimique en oxygène pendant 5 jours ; Turb : Turbidité ; Prof : Profondeur ; Coul : Couleur ; NO3 : Nitrates ; *Azpeitia africana* (Azafr) ; *Euglena acus* (Euacu) ; *Euglena oxyuris* (Euoxy) ; *Gyrosigma nodiferum* (Gynod) ; *Navicula cryptocephala* (Nacry) ; *Phacus longicauda* (Phlon) ; *Rhizosolenia longiseta* (Rhlon) ; *Rhizosolenia* sp. (Rhsp.) ; *Trachelomonas acanthophora* (Traca) ; *Leponcinclis ovum* (Leovu) ; *Euglena proxima* (Eupro) ; *Trachelomonas armata* (Trarm) ; *Volvox dissipathrix* (Vodis) ; *Volvox tertius* (Voter) ; *Chlorella vulgaris* (Chvul) ; *Eresmophaera gigas* (Ergig) ; *Microcystis aeruginosa* (Miaer) ; *Aphanocapsa incerta* (Apinc) ; *Pinnularia gibba* (Pigig) ; *Stauroneis phoenicenteron* (Stpho) ; *Gomphonema affine* (Goaff) ; *Navicula cuspidata* (Nacus) ; *Groenbladia neglecta* (Grneg) ; *Synechococcus aeruginosa* (Syaer) ; *Pleurotaenium trabecula* (Pltra) ; *Phacus orbicularis* (Phorb) ; *Xanthidium cristatum* (Xacris) ; *Microcystis delicalissima* (Midel) et *Phacus pleuronectes* (Phple).

III.1.5.2. Analyse de redondance entre variables abiotiques et classes phytoplanctoniques

L'influence des variables environnementales sur l'abondance des organismes des différentes classes phytoplanctoniques a aussi été effectuée par l'Analyse de Redondance (RDA). Le test de Monte-Carlo (n = 1000 permutations) indique que les résultats de cette analyse sont significatifs ($p < 0,05^*$). Les axes F1 = 41,98 % et F2 = 33,22 % utilisés pour l'expression des résultats de cette RDA cumulent 75,2 % de l'inertie totale ce qui justifie le choix de ces 2 axes pour l'expression des résultats de cette analyse (Tableau XXV).

Tableau XIV: Pourcentages d'informations exprimées par les quatre axes de l'Analyse de Redondance (RDA) des classes phytoplanctoniques.

Axes	**F1**	**F2**	**F3**	**F4**
Valeur propre	3,358	2,658	1,418	0,567
Inertie contrainte (%)	41,977	33,220	17,721	7,082
Pourcentage cumulé (%)	41,977	75,197	92,918	100

L'ordination de cette analyse de Redondance suivant les axes factoriels F1 et F2 détermine quatre groupes de communautés phytoplanctoniques associées aux paramètres environnementaux (Figure 64).

Le groupe I est représenté par les Chlorophycées qui sont fortement influencés par les teneurs élevées en nitrates et en orthophosphates, une meilleure transparence, des eaux riches en matières organiques oxydables et moyennement oxygénées. Ce groupe est corrélé négativement aux paramètres environnementaux qui influencent la densité des organismes du groupe III à savoir la concentration en chlorophylle 'a', les nitrates, les MES et les *TDS* (Figure 64).

Le groupe II est représenté par les Diatomées qui sont favorisés par les températures élevées et des eaux turbides, riches en azote ammoniacal. Ce groupe est corrélé négativement aux paramètres abiotiques qui influencent les organismes du groupe IV (Figure 64).

Le groupe III correspondant aux Dinophycées qui sont positivement corrélés aux teneurs élevées de chlorophylle 'a', aux eaux riches en nitrites, chargées de matières en suspension et de solides totaux dissous. Ce groupe est corrélé négativement aux paramètres environnementaux qui influencent la densité des organismes du groupe I (Figure 64).

Le groupe IV constitué par les Cyanophycées, les Xanthophycées, les Cryptophycées, les Euglénophycées et les Chrysophycées qui affectionnent les eaux colorées et les zones profondes des étangs qui ont des teneurs élevées en CO_2 dissous. Ce groupe est corrélé négativement aux paramètres environnementaux qui influencent la densité des organismes du groupe II à savoir la température, la turbidité et l'azote ammoniacal (Figure 64).

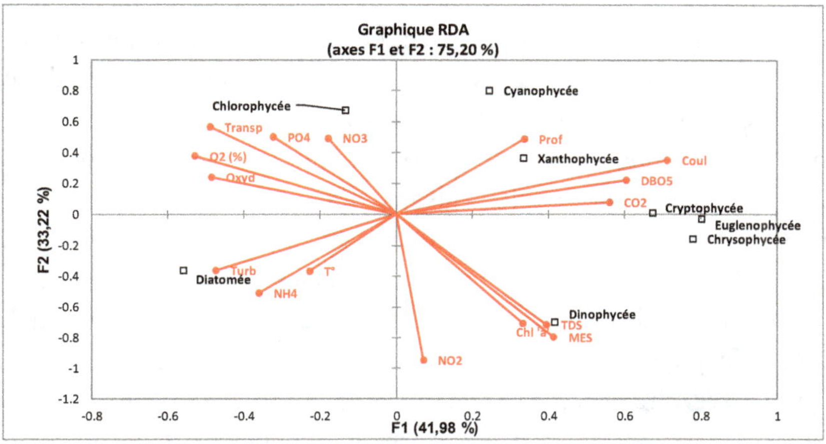

Figure 64: Analyse de Redondance (RDA) des différentes classes phytoplanctoniques associées aux variables environnementales : Acronymes : MES : Matières En Suspension ; *TDS* : Solides Totaux Dissous ; NO3 : Nitrates ; NO2 : Nitrites ; Chl 'a' : Chlorophylle 'a' ; Trans : Transparence ; O2 (%) : Pourcentage de saturation en oxygène dissous PO4 : Orthophosphates ; CO2 : Dioxyde de carbone dissous ; T : Température ; Oxyd : Oxydabilité ; NH4 : Azote ammoniacal ; Prof : Profondeur ; DBO5 : Demande biochimique en oxygène ; Coul : Couleur ; Turb : Turbidité.

III.2. DISCUSSION

III.2.1. Physicochimie et pigments photosynthétiques des étangs étudiés

Les températures ont été relativement élevées dans les étangs pendant la période d'étude. On note une faible variation saisonnière et une relative stabilité de la température entre les saisons qui est une caractéristique principale de la plupart des milieux lentiques tropicaux, dont la température dépend principalement de celle de l'air ambiant. Ce qui corrobore les observations d'Atanlè (2012) qui affirme à ce propos que la température des eaux de surface dépend étroitement de l'ensoleillement et des échanges avec l'atmosphère. Dans un plan d'eau, la transparence varie en fonction de l'abondance des particules en suspension (argile, limon, …) et du phytoplancton (Balvay, 1995). Les faibles valeurs de transparence des étangs peuvent être attribuées à l'action des vents mais aussi et surtout à la très faible profondeur des étangs. En effet, les vents provoquent des turbulences qui couplées à la faible profondeur des étangs remettent constamment en suspension les particules sédimentaires (Cunha *et al.*, 2019). De plus, ces plans d'eau sont des étangs de barrage, donc situés sur le lit des cours d'eau et soumis à des apports sédimentaires allochtones véhiculés par les affluents à partir du bassin versant. La phase des eaux claires (transparence élevée) enregistrées en saison sèche, pourrait être rattachée au développement des communautés zooplanctoniques et ichtyologiques (Jabari, 1998) qui contribuent significativement par le broutage du phytoplancton à la clarification des eaux dans les lacs, étangs et réservoirs (Tuzin et Mason, 1996). La phase des eaux turbides (faible transparence) enregistrées en saison pluvieuse, est due aux eaux de pluies qui ruissellent en transportant des Matières En Suspension (MES) et des particules sédimentaires dans les étangs. La faible profondeur des étangs est due aux grandes quantités de matières organiques produites essentiellement par les plantes aquatiques et les organismes phytoplanctoniques morts qui sont déposés sur le fond accélérant ainsi le remblaiement des étangs par envasement progressif.

Les principaux paramètres qui renseignent sur la pollution physique et le degré de minéralisation des eaux à savoir les MES, la couleur, la turbidité, la conductivité électrique et les *TDS* ont été élevés dans l'ensemble et supérieurs aux valeurs seuils de IFREMER (2000) dans tous les étangs au cours de la période d'étude. Les valeurs élevées de MES sont dues aux pluies irrégulières de la zone d'étude ayant transporté par érosion des particules dans les étangs, mais aussi aux brassages permanents des eaux qui remettent constamment en suspension les particules sédimentaires. Les MES significativement plus élevées en profondeur par rapport à la surface en saison pluvieuse seraient dues au phénomène de sédimentation. En effet, après une perturbation du milieu par une forte pluie ou un brassage des eaux par exemple, les particules remises en suspension se déposent selon un gradient gravitaire, les strates supérieures étant plus vite débarrassées des particules en suspension que les strates inférieures. L'essentiel de la turbidité des eaux étant due aux particules tant organiques que minérales en suspension dans l'eau, les valeurs élevées des MES ont entraîné des valeurs élevées de turbidité des eaux des étangs étudiés. Rim-Rukeh *et al.* (2007) et Al-Aubadi *et al.* (2019) à ce propos soulignent que les pluies favorisent l'érosion des particules minérales et organiques du bassin versant anthropisé et ces particules sont transportées par les eaux de ruissellement jusqu'aux étangs où elles provoquent le brassage des eaux élevant ainsi la teneur du milieu en MES, qui entraînent à leur tour une élévation de la turbidité des eaux et par conséquent sa couleur. Ce qui précède explique les corrélations positives et significatives observées entre ces trois paramètres pendant la période d'étude. La conductivité électrique est directement liée au *TDS* et permet de caractériser les ions totaux dissous dans l'eau (Bhattacharyya *et al.*, 2008 ; Hamaidi-Chergui *et al.,* 2013), ce qui explique la corrélation positive et significative observée entre ces deux paramètres avec des profils de variations presque identiques d'une saison à l'autre et d'un paramètre à l'autre. Les plus fortes valeurs de conductivité électrique et de *TDS* ont été enregistrées pendant la saison sèche et s'expliqueraient par l'important ensoleillement en cette saison. En effet, cette situation induirait une évaporation intensive et par conséquence une forte concentration des éléments minéraux des eaux des étangs. Les valeurs les plus basses enregistrées en saison pluvieuse, seraient dues au phénomène de dilution occasionné par les eaux de pluies dans les étangs.

Le pH des eaux des étangs a été légèrement acide pendant la période d'étude dû d'une part à la nature des substrats traversés (Nola *et al.,* 1999 ; Zébazé Togouet, 2000), constitués de roches métamorphiques plissées et de granites intrusifs (Bachelier *et al.*, 1956), et d'autre part à la forte présence de plantes aquatiques dans les étangs qui après leur mort se décomposent en produisant de l'acide humique qui contribue à baisser le pH (Sane, 2006). Les fortes moyennes de pH enregistrées en saison sèche s'expliqueraient par les fortes températures qui stimulent la photosynthèse algale consommatrice de CO_2 empêchant ainsi la formation d'acide carbonique qui aurait dû abaisser le pH (Groga, 2012). Les faibles moyennes obtenues en saison pluvieuse seraient dues au phénomène de dilution par les eaux de pluie. L'alcalinité a été faible dans les étangs pendant toute la période d'étude due à la photosynthèse obligatoire, qui amène certaines algues à couvrir leurs besoins en carbone en prélevant l'hydrogénocarbonate et le carbonate (décalcification biogène) qui auraient été favorables à l'augmentation de l'alcalinité de l'eau (Groga, 2012). Les moyennes d'alcalinité significativement plus élevées en saison pluvieuse comparativement à la saison sèche, trouveraient une explication dans l'apport de matières organiques par les eaux de ruissellement dont la dégradation par les microorganismes augmente la teneur de l'eau en CO_2, qui par solvatation forme les carbonates et bicarbonates responsables de l'augmentation de l'alcalinité des eaux (Groga, 2012). Les étangs ont été moyennement oxygénés pendant toute la période d'étude. Les teneurs élevées obtenues en saison sèche sont dues aux fortes températures qui entraînent une forte activité photosynthétique des algues phytoplanctoniques et des végétaux aquatiques en produisant de l'O_2. Les hypoxies enregistrées en saison pluvieuse sont dues au fort degré de minéralisation de la matière organique par les microorganismes aérobies des sédiments qui sont consommateurs d'O_2. Le gaz carbonique dissous évolue en sens contraire de l'oxygène dissous et les fluctuations saisonnières observées sont liées d'une part en saison sèche, à la photosynthèse consommatrice de CO_2 et d'autre part en saison pluvieuse, à l'activité minéralisatrice des bactéries aérobies qui dégradent les matières organiques fermentescibles apportées aux étangs par les eaux de ruissellement, consommant ainsi l'oxygène dissous tout en rejetant le gaz carbonique. Boyd (2020) souligne à ce sujet que dans les eaux, la respiration des organismes a pour effet de diminuer l'O_2 dissous tout en augmentant le CO_2 dissous tandis que pour la photosynthèse les algues et les plantes aquatiques consomment le CO_2 dissous tout en rejetant l'O_2, d'où les corrélations négatives et significatives ($p < 0,01^{**}$) observées entre ces deux paramètres dans certains étangs pendant la période d'étude.

L'azote (N) et le phosphore (P) sont deux éléments importants au niveau du fonctionnement des écosystèmes aquatiques, car ils participent activement à l'eutrophisation. Les teneurs élevées en éléments azotés (NH_4^+ et NO_3^-) dans les étangs proviennent des apports allochtones de matières organiques et de déchets métaboliques azotés émanant de l'activité humaine et principalement des activités agricoles menées dans le bassin-versant des étangs ou s'étend des zones d'habitation. Les teneurs élevées d'ammonium, pourraient s'expliquer par l'importante décomposition de la matière organique s'accompagnant d'une importante consommation d'oxygène dissous, favorisant sa production par ammonification. Les faibles teneurs de nitrites seraient dues à la moyenne oxygénation des eaux des étangs, favorisant l'oxydation de l'azote ammoniacal directement en nitrates (Guilford et *al.*, 2000). Les teneurs élevées en orthophosphates dans les étangs proviendraient des eaux de ruissellement d'origines diverses du bassin versant, démontrant d'un état trophique avancé des eaux. A ce sujet, Dunette (1992) estime que la teneur d'un biotope en phosphore permet de prévoir le degré d'eutrophisation de ses eaux. Les teneurs élevées en orthophosphates traduiraient d'une part une minéralisation accrue de la matière organique et d'autre part du relargage à partir des sédiments. Les valeurs élevées de DBO_5 et d'oxydabilité des étangs traduisent une forte pollution en matières organiques et minérales oxydables issues principalement de l'anthropisation, mais aussi des algues et des végétaux aquatiques qui abondent dans les étangs et dont la mort augmente considérablement les charges en matières organiques des hydrosystèmes.

Les pigments photosynthétiques à savoir la chlorophylle 'a', la chlorophylle 'b', la chlorophylle 'c' et les phéopigments ont des moyennes assez élevées et toutes supérieures aux normes de l'IFREMER (2000), qui est de 30 µg/L pour les eaux piscicoles. Ces teneurs élevées en pigments photosynthétiques reflètent une importante biomasse phytoplanctonique, une forte activité photosynthétique et par conséquent une forte productivité primaire due à l'absorption des nutriments par les organismes phytoplanctoniques. Ces teneurs élevées s'expliqueraient donc par les teneurs élevées d'éléments nutritifs (azote et phosphore) susceptibles de stimuler la productivité algale. Wurtz (2003) confirme ces affirmations en montrant que ces éléments nutritifs stimulent la croissance des organismes phytoplanctoniques qui par la suite servent d'aliments pour les animaux microscopiques tels que les filtreurs omnivores, le zooplancton et certains poissons phytoplanctophages.

III.2.1.1. Indice de Pollution Organique (IPO) et Facteur limitant de l'eutrophisation (N/P) des étangs étudiés

Les valeurs de l'Indice de Pollution Organique (IPO) ont été faibles dans les étangs pendant la période d'étude. Ces faibles valeurs de l'IPO reflètent des teneurs élevées en NO_3^-, NO_2^-, NH_4^+, PO_4^{3-} et DBO_5, traduisant une pollution organique forte des étangs tout en indiquant un degré d'altération élevé des eaux de la zone d'étude. Cette pollution organique forte étant la conséquence des apports diffus et permanents de déchets ménagers et des eaux usées agricoles et domestiques non épurées issues du bassin versant, qui sont transportés dans les étangs par érosion ou par ruissellement. Ces polluants contenant de fortes charges en substances nutritives, matières organiques et substances dissoutes engendrent une dégradation de la qualité des eaux et favorisent la croissance rapide et continue d'algues et de végétaux aquatiques qui lors de la dégénérescence augmentent la charge des eaux en matières organiques et minérales, favorisant l'envasement et accélérant le processus d'eutrophisation des étangs, pouvant aboutir à la disparition des plans d'eau (Devidal *et al.*, 2007) si des mesures de réhabilitation ne sont pas mises en place.

Dans le domaine de la gestion des plans d'eau, l'identification d'un élément nutritif limitant est essentiel pour la planification des mesures de lutte effective contre l'eutrophisation (Rast *et al.,* 1989). Dans les étangs étudiés, à l'exception de deux valeurs de surface dont l'une dans l'étang Mopa (18,73 en saison sèche (novembre 2016)) et l'autre dans l'étang Kpokolota (31,71 en saison pluvieuse (juin 2016)) dont le ratio N/P est supérieur à 16 ($N/P > 16$) montrant une limitation de l'eutrophisation par le phosphore ces mois-là, les moyennes saisonnières dans l'ensemble des étangs sont assez faibles, comprises entre 2,4 et 2,8, et tous inférieures au rapport standard de Redfield ($N/P = 16$) montrant que l'azote représente le facteur limitant de l'eutrophisation dans l'ensemble des étangs étudiés. Les mesures à mettre en œuvre pour la gestion de l'eutrophisation et la restauration des étangs devront s'appesantir sur le contrôle du flux des sources d'apports de nutriments en composés azotés, car l'azote (N) apparaît comme le facteur dont l'absence ou la faible teneur limiterait la croissance des algues. Cependant, d'autres facteurs comme l'intensité lumineuse, la transparence ou encore la température de l'eau contrôlent également l'augmentation de la biomasse algale (Bally et Garrabou, 2007).

III.2.1.2. Niveaux trophiques des étangs étudiés

Les étangs étudiés ont des teneurs moyennes très élevées en orthophosphates (> 4 mg/L) et en chlorophylle 'a' (> 30 µg/L), avec des faibles transparences (< 70 cm) des eaux. Toutes ces caractéristiques ont permis de classer les plans d'eau étudiés dans la catégorie des étangs hypereutrophes avec des degrés plus marqués respectivement dans les étangs Kpokolota, Mokolo, Ngaikada, Mopa et Côte d'azur. Les signes de cette hypereutrophisation sont assez perceptibles car on observe une augmentation graduelle de la biomasse phytoplanctonique des étangs, une diminution de la transparence des eaux, des teneurs élevées en éléments nutritifs et pigments chlorophylliens, un envasement progressif des plans d'eau par accumulation de matières organiques non dégradées sur le fond et une faible oxygénation des zones profondes des étangs. Brahy *et al.* (2009) suggèrent à ce propos que l'"introduction massive de matières organiques et d'éléments nutritifs dans les eaux perturbent les équilibres naturels des hydrosystèmes avec comme manifestation la plus visible le phénomène d'eutrophisation. L'état hypereutrophe des étangs devrait tirer la sonnette d'alarme afin que des mesures de restauration soient immédiatement mises en place au risque de voir ces étangs disparaître dans les années à venir.

III.2.2. Phytoplancton des étangs étudiés

III.2.2.1. Richesse spécifique des organismes phytoplanctoniques

Les communautés phytoplanctoniques sont constituées d'assemblages d'espèces présentant des caractéristiques morphologiques (taille, forme, ...) et physiologiques (mode de nutrition, taux de croissance, ...) très différentes, dont l'organisation est une composante essentielle à la compréhension du fonctionnement d'un hydrosystème (Klug et Tiedje, 1993). La richesse spécifique des organismes phytoplanctoniques des étangs étudiés dans la ville de Bertoua a permis l'identification de 336 espèces. L'étang Côte d'azur a été le plus diversifié avec 159 espèces identifiées, représentant 21,99 % de la richesse spécifique totale, et surtout représenté par les taxa *Azpeitia africana*, *Eremosphaera gigas* et *Trachelomonas acanthophora*. L'étang Mopa a donné 147 espèces (20,33 %), plus représentées par les taxa *Pinnularia gibba*, *Stauroneis phoenicenteron* et *Pleurotaenium trabecula*. L'étang Ngaikada avec 143 espèces (19,78

%) est représenté par les taxa *Azpeitia africana*, *Stauroneis phoenicenteron* et *Pinnularia gibba*. L'étang Mokolo avec 138 espèces (19,09 %) est dominé par les taxa *Volvox tertius*, *Chlorella vulgaris* et *Volvox dissipathrix* tandis que l'étang Kpokolota, qui a été le moins diversifié pendant toute la période d'étude, avec 136 espèces identifiées (18,81 %), est majoritairement représenté par les taxa *Phacus orbicularis*, *Protoperidinium* sp. et *Azpeitia africana*.

La diversité taxonomique observée dans les étangs de Bertoua pris individuellement est supérieure aux 30 espèces et 84 espèces répertoriées par Bouvy *et al.* (1999) respectivement dans les réservoirs Ingazeira et Barra Bonita au Brésil, aux 103 espèces obtenues par Kemka (2000) dans le Lac municipal de Yaoundé, aux 111 espèces dénombrées par Ba (2006) dans le Lac de Guiers au Sénégal, aux 118 taxa obtenus par Groga (2012) dans le Lac de Taabo en Côte d'ivoire et aux 52 espèces obtenues par Boukari (2018) dans le Lac de barrage de Kpassa sur l'Okpara (Nord-Est du Benin). Cette richesse taxonomique élevée dans les étangs de Bertoua comparativement aux autres études, est due à la forte anthropisation des bassins versants des étangs en matières organiques et minérale contenant de fortes charges en substances nutritives et dissoutes qui favorisent la croissance rapide et continue d'algues et autres végétaux aquatiques. Ces polluants organiques qui ont de fortes charges en azote et phosphore, offrent ainsi des conditions favorables au développement de différentes espèces phytoplanctoniques. A ce propos, Aboim *et al.* (2020) soulignent que le volume d'eau faible associé aux teneurs élevées en nutriments est favorable au développement d'un grand nombre d'espèces phytoplanctoniques.

La diversité taxonomique observée dans les étangs de Bertoua pris individuellement est cependant inférieure aux 170 espèces enregistrées par Lung'ayia *et al.* (2000) dans le Lac de Naivasha au Kenya ; aux 174 espèces identifiées par Huszar *et al.* (2000) dans le Lac Baleta au Brésil ; aux 152 espèces obtenues par Djogo Kinfack (2007) dans le Lac de barrage de la Mefou et aux 162 espèces enregistrées par Koda (2015) à la station piscicole CAPFORT de Mbalmayo. Cette faible diversité observée dans les étangs de Bertoua comparativement aux autres études serait due au caractère hypereutrophe des eaux des étangs étudiés, caractérisées par la monopolisation de l'espace et des ressources nutritives par un petit groupe d'espèces, ne permettant pas le développement d'une plus grande diversité d'organismes phytoplanctoniques. Les différences significatives de la richesse spécifique (0,05*) observées dans les étangs sur le plan spatial (surface et profondeur) et saisonnier (saison sèche et saison pluvieuse) sont dues aux fortes températures de surface (sur le plan spatial) et de saison sèche (sur le plan saisonnier), idéales pour la photosynthèse aquatique et favorables au développement de nombreuses espèces phytoplanctoniques.

La richesse spécifique des différentes classes phytoplanctoniques est largement dominée par les Diatomées et les Chlorophycées, moyennement dominée par les Euglénophycées et les Cyanophycées et faiblement dominée par les Dinophycées, les Cryptophycées, les Chrysophycées et les Xanthophycées. La diversité élevée des Diatomées majoritairement représentée par les espèces *Azpeitia africana*, *Rhizolenia longiseta*, *Stauroneis phoenicenteron*, *Pinnularia gibba*, *Rhizolenia* spp. et *Navicula cuspidata* pourrait s'expliquer par la grande capacité d'adaptation de ces organismes aux différentes conditions du milieu et à divers environnements. Les organismes phytoplanctoniques appartenant à la classe des diatomées possédant de nombreux taxa polluotolérants qui prolifèrent dans les milieux dégradés (Rybak *et al.*, 2019). La diversité élevée des Chlorophycées surtout dominée par les taxa *Eresmosphaera gigas*, *Chlorella vulgaris*, *Volvox dissipathrix*, *Closterium aciculare*, *Groenbladia neglecta*, *Mesotaenium mirificum*, *Pleurotaenium trabecula, Volvox* spp. et *Volvox tertius* trouve une explication dans les teneurs très élevées en éléments azotés enregistrées pendant la période d'étude faisant de ce nutriment le facteur limitant de l'eutrophisation dans tous les étangs étudiés. A ce sujet, Berube *et al.* (2016) attestent qu'un grand nombre de Chlorophycées peuvent réduire et métaboliser jusqu'à 70 % des composés azotés présents dans le biotope. Cette diversité élevée des Chlorophycées trouverait aussi une explication dans le caractère acide des eaux des étangs qui selon Reyssac (1970) favorise généralement la croissance des organismes de cette Classe dans les milieux à pH acide.

La richesse spécifique moyennement élevée des Euglénophycées abondamment représentés par les espèces *Phacus orbicularis*, *Leponcinclis ovum*, *Euglena acus*, *Euglena oxyuris*, *Euglena proxima* et *Trachelomonas acanthophora* s'expliquerait par le caractère hypereutrophe des étangs étudiés, car cette Classe est avantagée dans les milieux très pollués (Kemka *et al.*, 2006) et est indicatrice de pollution organique dans les écosystèmes lentiques (Nguetsop *et al.*, 2009). La moyenne diversité des organismes de la Classe des Cyanophycées, majoritairement représentée par les espèces : *Synechococcus aeruginosus*, *Coelosphaerium kuetzingianum*, *Rivularia aquatica* et *Microcystis aeruginosa* s'expliquerait par le fait que les organismes appartenant à cette classe préfèrent les milieux où le phosphore est limitant, mais sont généralement rencontrées dans les réservoirs peu profonds riches en nutriments (Komârek et Anagnostidis, 2005).

La faible diversité des Dinophycées (*Amphora ovalis* et *Prorocentrum rostratum*), des Cryptophycées (*Cryptomonas ovata* et *Cryptomonas* spp.) et des Chrysophycées (*Synura spinosa* et *Synura uvella*) dans les étangs étudiés serait due aux conditions particulières de floraison des organismes appartenant à ces trois classes. Les floraisons (blooms phytoplanctoniques) de Dinophycées sont généralement associées aux milieux salés (Rodriguez-Gomez *et al.*, 2019) ou pauvres en éléments nutritifs tandis que les Cryptophycées et les Chrysophycées ont tendance à former des floraisons dans des milieux oligotrophes (Bock *et al.*, 2017). La très faible diversité des Xanthophycées avec une seule espèce (*Goniochloris gigas*) enregistrée dans l'étang Côte d'azur pendant la période d'étude proviendrait du fait qu'ils sont constitués essentiellement d'espèces polluosensibles, qui ne prolifèrent que dans les milieux aquatiques oligotrophes où les eaux sont pures (Nicholls, 1995).

III.2.2.2. Densité des organismes phytoplanctoniques

Les densités phytoplanctoniques ont été élevées dans les étangs pendant la période d'étude, dues aux teneurs élevées en nutriments susceptibles de stimuler la croissance algale (Wurtz, 2003). Le test H de Kruskal-Wallis ($P < 0,05^*$) montre que la densité phytoplanctonique de l'étang Ngaikada est moins élevée que celles des autres étangs, ceci étant due à la forte couverture végétale qui recouvre la surface de cet étang, empêchant une meilleure pénétration de la lumière indispensable à la photosynthèse et rendant la navigation difficile voire impossible sur une bonne partie de la surface de cet étang. Selon Figueredo et Giani (2009) et Abbas (2009), les lacs et réservoirs tropicaux ne présentent pas de fluctuations saisonnières marquées de température et ne montrent pas ainsi de variation des densités phytoplanctoniques d'une saison à l'autre. Ceci explique l'absence de différence significative ($p > 0,05$) entre les densités obtenues en saison sèche et en saison de pluies pendant la période d'étude. Les densités phytoplanctoniques de surface plus élevées que celles de profondeur dans tous les étangs, seraient dues aux températures élevées et aux fortes intensités lumineuses qu'offre l'énergie solaire pour la photosynthèse aquatique en surface comparativement à la profondeur. Azhikodan et Yokoyama (2016) confirment ces observations en affirmant que l'intensité lumineuse est le principal facteur environnemental qui varie en fonction de la profondeur, jouant probablement un rôle très important dans les différences de densité et de diversité observées entre les différentes strates des plans d'eau.

La densité des classes phytoplanctoniques est surtout dominée par les Diatomées dans l'étang Mopa, avec une densité de 362900 ind./L représentant 52,79 % de la densité totale et surtout représentée par les espèces : *Pinnularia gibba* (45400 ind./L), *Azpeitia africana* (26700 ind./L) et *Gomphonema affine* (19200 ind./L). Cette Classe des Diatomées domine aussi dans l'étang Ngaikada avec une densité de

216500 ind./L (43,47 %), majoritairement constituée par les espèces : *Azpeitia africana* (25600 ind./L), *Stauroneis phoenicenteron* (22800 ind./L) et *Pinnularia gibba* (21400 ind./L). La forte densité des Diatomées dans ces deux étangs (Mopa et Ngaikada) trouverait une explication dans le grand spectre de variabilités environnementales exploitables par les Diatomées, ainsi que leur capacité à se multiplier très vite parfois 2 à 3 fois par jour lorsque les conditions de la photosynthèse sont réunies (Mollo et Noury, 2013).

La Classe des Euglénophycées prédomine dans l'étang Côte d'azur, avec une densité de 234000 ind./L représentant 32,88 % de la densité totale de cet étang et surtout représentée par les espèces *Trachelomonas acanthophora* (26100 ind./L), *Phacus hispidula* (19300 ind./L) et *Trachelomonas gibberosa* (17600 ind./L). Cette Classe des Euglénophycées domine aussi dans l'étang Kpokolota avec une densité de 220500 ind./L (31,82 %), surtout constituée des espèces *Phacus longicauda* (41100 ind./L), *Euglena oxyuris* (23700 ind./L) et *Phacus orbicularis* (21800 ind./L) pendant la période d'étude. La forte densité des Euglénophycées dans ces deux étangs (Côte d'azur et Kpokolota) s'expliquerait par les teneurs plus élevées en matières organiques enregistrées dans ces plans d'eau, dues principalement dans l'étang Kpokolota aux eaux usées domestiques issues des ménages et dans l'étang Côte d'azur aux terres agricoles et à la décomposition des macrophytes aquatiques situés aux abords de l'étang et qui lors de l'arrachage sont reversés dans l'étang augmentant sa teneur en matières organiques. A ce propos, Iltis (1980) affirme que les Euglénophycées sont caractéristiques des milieux riches en substances organiques.

La classe des Chlorophycées prédomine dans l'étang Mokolo avec une densité de 295100 ind./L, représentant 46,06 % de la densité totale de cet étang et majoritairement représentée par les espèces *Volvox tertius* (51500 ind./L), *Chlorella vulgaris* (40600 ind./L) et *Volvox dissipathrix* (36400 ind./L) pendant la période d'étude. La forte densité des Chlorophycées dans cet étang serait due aux teneurs très élevées en azote enregistrées dans cet étang pendant la période d'étude, et confirmant l'hypothèse de Barbe *et al.* (2003) qui affirment que les organismes de la Classe des Chlorophycées sont très avantagés dans un plan d'eau lorsque l'azote tend à devenir limitant.

La faible densité de certaines classes phytoplanctoniques à l'instar des Chrysophycées, des Dinophycées et des Cryptophycées dans différents étangs trouverait une explication dans les conditions de floraison et la pression de broutage. En effet, La structure et le développement du phytoplancton ne sont pas seulement affectés par les facteurs abiotiques. D'autres facteurs incluant le broutage (Moss, 1988 ; Round, 1981), le parasitisme (Goldman et Horne, 1983) et les substances physiologiques actives produites par d'autres algues sont connues pour leur influence sur le phytoplancton (Keating, 1978).

III.2.2.3. Biomasse des organismes phytoplanctoniques

Les biomasses phytoplanctoniques estimées par la chlorophylle 'a' sont très élevées dans tous les étangs et à toutes les saisons pendant la période d'étude. Ces biomasses chlorophylliennes élevées s'expliqueraient par la très forte minéralisation des éléments nutritifs apportés majoritairement aux étangs par l'érosion et les eaux de ruissellement. Ces biomasses phytoplanctoniques élevées reflètent une forte activité photosynthétique des étangs et par conséquent une forte productivité primaire due à l'absorption des nutriments par les organismes phytoplanctoniques. A ce propos, Lu *et al.* (2016) affirment que la disponibilité en nutriments constitue l'un des principaux facteurs qui contrôle la biomasse, la croissance et la composition du phytoplancton. Les biomasses phytoplanctoniques sont significativement plus élevées ($p < 0,05^*$) dans l'étang Kpokolota avec 9171000 µgC/L (24,14 %) et dans l'étang Mopa avec 8391000 µgC/L représentant 22,09 % de la biomasse totale enregistrée pendant la période d'étude. Ces très fortes biomasses phytoplanctoniques enregistrées dans ces 2 étangs (Mopa et Kpokolota) sont dues aux teneurs très élevées en chlorophylle 'a', conséquence des teneurs élevées en éléments nutritifs susceptibles de stimuler la production algale et responsables de la croissance phytoplanctonique, couplée à la faible présence des plantes aquatiques à la surface de ces étangs qui auraient empêché une meilleure pénétration de la lumière indispensable aux algues. A ce sujet, Yang *et al.* (2011) affirment que les teneurs élevées en nutriments et les fortes températures sont des facteurs majeurs du développement d'une biomasse phytoplanctonique élevée.

III.2.2.4. Analyse des données phytoplanctoniques

De tous les étangs étudiés, l'étang Côte d'azur a la richesse spécifique la plus élevée avec 159 espèces (21,99 %) et la densité la plus élevée qui est de 711600 ind./L (22,03 %). Ces données pourraient s'expliquer par les conditions particulières et favorables pour la croissance algale qu'offre cet étang à savoir une faible présence de végétaux aquatiques à la surface du plan d'eau permettant une meilleure pénétration de la lumière jusqu'au fond de l'étang, un apport en éléments azotés et phosphorés élevé et des teneurs élevées en CO_2. A ce sujet, Amblard et Pinel-Alloul (1995) renchérissent que la température, l'intensité lumineuse, les nutriments et les mouvements de la masse d'eau sont les principaux facteurs qui déterminent les successions d'espèces phytoplanctoniques dans le temps. La densité la plus faible ($p < 0,05^*$) qui est de 498000 ind./L (15,41 %) observée dans l'étang Ngaikada serait due à la forte présence de végétaux aquatiques recouvrant la surface de l'étang et empêchant une meilleure pénétration de la lumière indispensable à la photosynthèse. Zhu *et al.* (2013) confirment ces affirmations en démontrant que la disponibilité en lumière est l'une des variables primaires qui influence la croissance et le développement du phytoplancton. Le test U de Mann-Whitney ($P < 0,05^*$) montre que dans l'ensemble des étangs et à toutes les saisons, les classes phytoplanctoniques sont plus élevées en surface comparativement à la profondeur. Ces fluctuations spatiales résultent, comme l'ont démontré plusieurs auteurs tels que Tolomio *et al.* (1992), de l'action combinée des différents éléments d'origine abiotique sur le développement des microalgues. A titre d'exemple, Klug (2002) rapporte que la matière organique dissoute peut avoir des effets tant positifs que négatifs sur la croissance du phytoplancton. L'importance de ces effets peut varier selon la source de cette matière organique dissoute et la composition de la communauté phytoplanctonique. La densité et la biomasse du phytoplancton sont en fait contrôlées essentiellement par la disponibilité des nutriments (Tilman *et al.*, 1982). Il s'agit d'un gradient qui est tout à fait l'inverse de celui de la richesse taxonomique totale. Plusieurs auteurs, à l'exemple de Daget (1979), ont mis en exergue une corrélation inverse hautement significative entre les richesses spécifiques et les densités des peuplements exprimées en nombre d'individus ou en biomasse. Les facteurs ayant une influence sur la répartition du phytoplancton peuvent en principe être divisés en deux groupes : ceux produisant un changement de la population du phytoplancton (précipitations, éléments nutritifs, différences de température et de lumière, broutage) et ceux provoquant une redistribution de la population (migration des algues, vents et les mouvements de l'eau) (Melack, 1979 ; Round, 1981 ; Moss, 1988).

L'indice de similarité de Sörensen calculé sur la base de la ressemblance taxonomique des différents peuplements phytoplanctoniques des étangs étudiés a une valeur minimale de 42 % entre l'étang Mopa et l'étang Kpokolota et une valeur maximale de 55 % entre l'étang Côte d'azur et Kpokolota. Les fortes similarités (supérieures à 50 %) s'expliqueraient par le degré de similitude entre les étangs caractérisés par un ensoleillement, un apport élevé en nutriments et des teneurs élevées en CO_2 qui créent un environnement particulier, favorable à la croissance de certaines espèces phytoplanctoniques. Les faibles similarités (inférieures à 50 %) s'expliqueraient par les conditions particulières et intrinsèques propres à chaque étang caractéristique de la nature et du type de pollution présent dans l'étang et allant à l'encontre de l'idée de Sommer (1983) selon laquelle la capacité compétitive des espèces à utiliser des faibles concentrations de nutriments est un facteur important dans la succession phytoplanctonique. La forte présence des taxa rares démontre d'un renouvellement permanent des espèces phytoplanctoniques, caractéristique des apports constants et irréguliers d'éléments nutritifs dans les étangs n'offrant pas des conditions standards nécessaires à la croissance et à la pérennisation de nombreuses espèces phytoplanctoniques pendant la période d'étude. Les Cyanophycées (*Microcystis aeruginosa* et *Aphanocapsa incerta*), les Diatomées (*Azpeitia africana* et *Stauroneis Phoenicenteron*) et la Chlorophycée (*Eresmophaera gigas*) avec des occurrences > 50 %, et des densités très élevées, sont les taxa polluotolérants les plus fréquemment rencontrés pendant la période d'étude, caractéristique de l'état hypereutrophe des hydrosystèmes étudiés, et confirmant la très forte pollution des étangs, favorable à l'installation, la croissance et la pérennisation de ces espèces algales.

L'indice de diversité de Shannon et Weaver est élevé dans tous les étangs avec des moyennes allant de 3,46 bits/ind en saison sèche (SS) à 3,07 bits/ind en saison pluvieuse (SP). L'indice de diversité de Simpson a des moyennes élevées fluctuant de 0,89 bits/ind (SS) à 0,85 bits/ind (SP), de même que l'indice de diversité de Hill qui varie de 0,96 bits/ind (SS) à 0,94 bits/ind (SP). Le choix d'un seul indice aurait été l'idéal, toutefois ces trois indices de diversité (Shannon et Weaver, Simpson et Hill) utilisés de manière concomitante pour une étude plus complète des informations concernant la structure des communautés sont élevés dans tous les étangs et à toutes les saisons montrant des peuplements phytoplanctoniques assez bien diversifiés. D'après Kemka *et al.* (2004), une faible diversité phytoplanctonique caractérise une population jeune à haut pouvoir de multiplication, tandis qu'une diversité phytoplanctonique élevée caractérise au contraire des populations sénescentes présentant une composition spécifique plus complexe. L'indice d'équitabilité de Piélou a été faible dans les étangs avec des moyennes fluctuant de 0,48 (SS) à 0,42 (SP) indiquant un déséquilibre des écosystèmes et une inégale répartition des espèces favorisée par la forte dominance d'un petit nombre d'espèces due aux apports de polluants, offrant des conditions environnementales favorables et permanentes à ce petit groupe d'espèces fortement polluotolérantes qui prolifèrent en très grand nombre au détriment des autres espèces. Les indices de diversité et l'équitabilité de Piélou significativement ($p < 0,05*$) plus élevés en surface par rapport à la profondeur en saison pluvieuse, trouveraient une explication dans le taux très élevé de MES apportées par les pluies et les fortes densités phytoplanctoniques dues aux teneurs élevées en nutriments en cette saison qui empêchent une meilleure pénétration de la lumière essentielle à la photosynthèse jusqu'au fond des étangs. Les indices de diversité et l'équitabilité significativement plus élevés ($p < 0,01**$) en saison sèche comparativement à la saison des pluies, pourraient s'expliquer par les fortes températures de la saison sèche qui favorisent la photosynthèse algale. A ce sujet, Amblard et Pinel-Alloul, (1995) affirment que la température et l'intensité de la lumière sont les principaux facteurs qui déterminent les successions des espèces phytoplanctoniques dans le temps.

L'indice de raréfaction de Hurlbert (r) est élevé dans les étangs pendant la période d'étude, montrant un renouvellement permanent des espèces phytoplanctoniques qui sont des indicateurs très sensibles des agressions environnementales. A ce propos, Solimini *et al.* (2006) affirment que les organismes phytoplanctoniques sont considérés comme la première communauté biologique à répondre aux pressions d'anthropisation. L'allure sensiblement rectiligne des Diagrammes Rang-Fréquence (DRF) représente le stade 3 de l'évolution des communautés planctoniques selon Frontier (1976), caractérisée par une répartition moins équitable des fréquences des espèces les plus abondantes des étangs, qui deviennent mal contrôlées et ont tendance à monopoliser l'espace, montrent un vieillissement des écosystèmes aquatiques avec des peuplements phytoplanctoniques en fin de succession écologique. Ce stade 3 de l'évolution des communautés biologiques est la traduction du caractère permanent des milieux eutrophes ou hypereutrophes dans lesquels aucun stade d'équilibre n'est atteint (Devaux, 1980). La forte et constante recolonisation du milieu par des espèces de stratégie « r » qui misent sur la reproduction avec un fort taux de croissance et une mortalité très élevée est une adaptation aux milieux instables, imprévisibles et très pollués.

III.2.3. Typologie abiotiques et biotiques des étangs étudiés

La typologie abiotique des étangs réalisée à partir de la Classification Ascendante Hiérarchique (CAH) et l'Analyse en Composantes Principales (ACP) a permis de classer les étangs en trois groupes en fonction de l'origine majeure des polluants. Le groupe I représenté par l'étang Mokolo, dont l'essentiel de la pollution provient d'une ferme située en amont et du rouissage de manioc, dont les résidus augmentent la teneur des eaux en orthophosphates, en carbonates et en hydrogénocarbonates ayant tendance à élever le pH des eaux de cet étang. Le groupe II représenté par les étangs Mopa et Côte d'azur, situés en périphérie de la ville, et principalement pollués par les terres agricoles situées dans le bassin versant, riches en éléments nutritifs et matières organiques qui nécessitent des teneurs élevées en O_2 dissous pour sa dégradation avec possibilité d'augmentation de la température des eaux lors du processus d'oxydation qui est producteur d'énergie. Le groupe III représenté par les étangs Ngaikada et Kpokolota, situés en pleine ville, et essentiellement pollués par les eaux usées ménagères qui sont alcalines, avec une forte pollution physique et un degré élevé de minéralisation des eaux, riches en pigments photosynthétiques. Notons que tous ces étangs sont très anthropisés, possédant des eaux de mauvaise qualité écologique et les similarités et dissimilarités observées renseignent surtout sur l'origine majeure des polluants.

La typologie biotique des étangs réalisée à partir de la Classification Ascendante Hiérarchique (CAH) et l'Analyse en Composantes Principales (ACP) a permis de classer les étangs en trois groupes en fonction de la tolérance des espèces algales aux teneurs en azote. Le groupe I représenté par les étangs Mokolo, Côte d'azur et Ngaikada sont caractérisés par des densités élevées des Euglénophycée *Leponcinclis ovum* (Leovu) et *Trachelomonas armata* (Trarm), de la Diatomée *Azpeitia africana* (Azafr), de la Chlorophycée *Aphanocapsa incerta* (Apinc) et des Cyanophycées *Chlorella vulgaris* (Chvul) et

Microcystis aeruginosa (Miaer) qui prolifèrent dans des eaux alcalines, colorées, turbides, à forte dureté calcique et riche en éléments nutritifs. Le groupe II représenté par l'étang Mopa, surtout constitué par les Diatomées *Pinnularia gibba* (Pigig), *Stauroneis phoenicenteron* (Stpho), *Gomphonema affine* (Goaff) et *Navicula cuspidata* (Nacus), les Chlorophycées *Groenbladia neglecta* (Grneg) et *Pleurotaenium trabecula* (Pltra) et la Cyanophycée *Synechococcus aeruginosa* (Syaer), préfèrent les eaux bien oxygénées, riches en matières oxydables, avec une transparence et des températures élevées. Les organismes appartenant aux groupes I et II sont surtout constitués des espèces polluotolérantes aux teneurs élevées en azote, qui prolifèrent en très grand nombre lorsque les eaux sont fortement azotées. Le groupe III représenté par l'étang Kpokolota, et constitué des Euglénophycées *Phacus orbicularis* (Phorb), *Euglena oxyuris* (Euoxy) et *Euglena proxima* (Eupro) et des Diatomées *Navicula cryptotenella* (Nacry) et *Rhizolenia* spp. (Rhspp.), affectionnent les eaux riches en pigments photosynthétiques et en MES, avec des teneurs élevées en CO_2 et une forte conductivité électrique. Les organismes appartenant au groupe III sont surtout constitués des espèces polluosensibles aux teneurs élevées en azote, qui prolifèrent en grand nombre lorsque le milieu est faiblement azoté.

III.2.4. Influence des variables environnementales sur l'abondance des organismes phytoplanctoniques

Les paramètres environnementaux occupent une place importante dans la structuration et la composition des différentes espèces algales au cours du temps. Les blooms phytoplanctoniques coïncident avec la forte prolifération des espèces *Azpeitia africana*, *Microcystis aeruginosa*, *Surirella capronii*, *Rhizolenia* spp., *Cymatopleura solea* et *Closterium aciculare* qui sont corrélées positivement ($p > 0,05^*$) avec l'azote ammoniacal. Les nitrates sont corrélés avec les espèces *Rhizolenia* spp. et *Trachelomonas hispida*. Les taxa *Trachelomonas armata*, *Volvox dissipathrix*, *Phacus orbicularis* et *Pleurotaenium trabecula* sont corrélés positivement aux nitrites tandis que les espèces

Pinnularia cardinalis, Pleurotaenium subcornulatum et *Pleurotaenium trabecula* sont corrélées aux orthophosphates. La préférence de ces taxa aux fortes teneurs des différents éléments nutritifs s'expliquerait par le fait que ces nutriments peuvent être limitants et favorisent ainsi la croissance phytoplanctonique. En effet, l'apport nutritif par les effluents urbains ou agricoles est une cause de la grande richesse et de l'abondance phytoplanctonique de certains plans d'eau (Lapointe *et al.*, 2004 ; Kasih et Kitada, 2004). Ces observations sont en accord avec celles de Beman *et al.*, (2005) selon lesquelles la disponibilité des nutriments est un facteur essentiel à la prolifération de nombreuses espèces phytoplanctoniques. Les corrélations positives et significatives entre l'alcalinité et les espèces *Azpeitia africana*, *Cryptomonas ovata*, *Surirella capronii*, *Synedra ulna*, *Microcystis aeruginosa*, *Phacus longicauda*, *Trachelomonas accanthophora*, *Rhizolenia* spp., *Rivularia aquatica*, *Surirella capronii*, *Trachelomonas acanthophora*, *Microcystis delicalissima* et *Synedra ulna* trouveraient une explication dans le fait que la principale source de carbone de ces algues proviendrait des carbonates responsables de l'augmentation de l'alcalinité des eaux (Goldman *et al.,* 1972). Les corrélations négatives et significatives entre la DBO_5 et *Phacus orbicularis, Eunotia minor*, *Closterium aciculare, Closterium* sp. et *Cymatopleura solea* laisseraient supposer que ces espèces ne tolèrent pas des eaux très riches en matières organiques. Cependant, la structure et le développement du phytoplancton ne sont pas affectés seulement par les facteurs abiotiques des hydrosystèmes. D'autres facteurs incluant le broutage (Chan *et al.*, 2004), la prédation (Matveev *et al.*, 2000) et les substances physiologiques actives produites par d'autres algues sont connus pour leur influence sur le phytoplancton (Keating, 1978).

L'analyse de Redondance (RDA) utilisée pour mettre en évidence les corrélations entre les espèces phytoplanctoniques et les variables environnementales a permis de montrer que les espèces *Volvox dissipathrix* (Vodis), *Volvox tertius* (Voter), *Chlorella vulgaris* (Chvul), *Eresmophaera gigas* (Ergig), *Microcystis aeruginosa* (Miaer), et

Aphanocapsa incerta (Apinc) préfèrent les eaux colorées de profondeur, riches en nitrates et en orthophosphates. A ce sujet, Goldberg *et al.* (1951) affirment que le phosphore limite parfois la croissance du phytoplancton et la concentration limite de production varie selon l'espèce, chaque population ayant ses besoins propres. Les espèces *Pinnularia gibba* (Pigig), *Stauroneis phoenicenteron* (Stpho), *Groenbladia neglecta* (Grneg), *Synechococcus aeruginosa* (Syaer) et *Pleurotaenium trabecula* (Pltra) affectionnent les eaux troubles, riches en azote ammoniacal et matières organiques oxydables et leurs corrélations négatives avec le CO_2 s'expliquerait par la photosynthèse obligatoire ou l'aptitude de ces organismes à consommer le carbone organique au détriment des carbonates (Goldman *et al.*, 1972). Les taxa *Phacus orbicularis* (Phorb), *Xanthidium cristatum* (Xacris), *Microcystis delicalissima* (Midel), *Navicula cryptotenella* (Nacry) et *Phacus pleuronectes* (Phple) préfèrent les eaux minéralisées avec des teneurs élevées en Chlorophylle 'a' et en nitrites. Les espèces *Euglena oxyuris* (Euoxy), *Euglena proxima* (Eupro), *Rhizolenia* spp. (Rhspp.), *Euglena acus* (Euacu) et *Azpeitia africana* (Azafr) prolifèrent en forte densité dans les eaux profondes riches en matières organiques. A ce propos, Reynolds *et al.* (2002) renchérissent que de nombreux organismes phytoplanctoniques sont connus pour leur prédilection pour les milieux hypereutrophes.

L'analyse de redondance (RDA) effectuée entre les paramètres environnementaux et les classes phytoplanctoniques a permis de montrer que les organismes appartenant à la Classe des Chlorophycées ont une préférence pour les eaux de surface riches en oxygène, ayant des teneurs élevées en nitrates, orthophosphates et matières organiques oxydables. Cette classe phytoplanctonique est commune aux environnements bien oxygénés et est avantagée dans les milieux riches en nutriments (Barbe *et al.*, 2003). Les organismes de la Classe des Diatomées affectionnent les eaux turbides, riches en azote ammoniacal tandis que ceux de la Classe des Dinophycées renferment des organismes qui préfèrent les eaux riches en nitrites avec de fortes charges de matières en suspension et de solides totaux dissous. A ce propos, Pollingher (1988) affirme que les nitrites font partie des éléments fertilisants qui influencent la dynamique des Dinophycées. Les organismes des classes des Cyanophycées, Xanthophycées, Cryptophycées, Euglénophycées et Chrysophycées affectionnent les eaux colorées de profondeur, riches en matières organiques avec des teneurs élevées en CO_2 dissous issues de la dégradation de la matière organique par les microorganismes aérobies des sédiments. Les organismes phytoplanctoniques appartenant à la classe des Cyanophycées et des Euglénophycées ayant une préférence pour les milieux pollués, riches en substances organiques provenant de leur environnement (Thomas, 2003).

Les Diatomées (*Azpeitia Africana, Navicula cuspidata, Pinnularia gibba, Stauroneis phoenicenteron, Rhizolenia longiseta*), Les Chlorophycées (*Volvox tertius, Eresmophaera gigas, Pleurotaenium trabecula*), les Euglénophycées (*Euglena acus, Euglena oxyuris, Euglena proxima, Phacus orbicularis*) et les Cyanophycées (*Microcystis aeruginosa, Aphanocasa incerta*) sont les espèces qui semblent le mieux indiquer l'état de santé hypereutrophe des étangs étudiés, pouvant être caractérisées d'espèces bioindicatrices car étant polluotolérantes, elles sont présentes dans tous les étangs, à toutes les saisons, lors de la plupart des échantillonnages, avec des fortes occurrences et des densités élevées. Plusieurs facteurs interviennent ainsi dans la dynamique phytoplanctonique au cours de cette étude. Il s'agit entre autres de la température, l'intensité de la lumière incidente, la richesse et l'équilibre nutritif, les teneurs en CO_2, la turbidité des eaux, la morphométrie des étangs et la compétition inter et intraspécifique. Leurs activités pourraient avoir un effet appréciable sur les populations phytoplanctoniques. Par ailleurs, de nombreux auteurs estiment que d'autres phénomènes tels que l'intensité du broutage, le renouvellement des eaux et les vents pourraient aussi jouer un rôle clé dans la distribution des espèces phytoplanctoniques (Chaouachi *et al.*, 2002), permettant à Symoens (1968) d'affirmer que le développement et la répartition des espèces phytoplanctoniques n'est qu'une résultante des actions et interactions individuelles et simultanées de divers facteurs du milieu.

CONCLUSION, RECOMMANDATIONS ET PERSPECTIVES

Les niveaux trophiques des eaux, la biodiversité, la structure et la dynamique spatiale et saisonnière du phytoplancton de cinq étangs de barrage (Mokolo, Mopa, Côte d'azur, Ngaikada et Kpokolota) de la ville de Bertoua ont été étudiés à travers des analyses physicochimiques et biologiques, avec des prélèvements mensuels en surface et en profondeur pour chaque étang pendant la période d'étude allant de mars 2016 à avril 2017 (14 mois). Les variables morphométriques montrent que chaque étang possède ses propres caractéristiques morphologiques et topographiques des sols. Les analyses physicochimiques des eaux en saison sèche et en saison pluvieuse montrent une forte anthropisation des étangs avec des températures relativement élevées (> 23°C), une faible transparence des eaux (< 70 cm) malgré la faible profondeur des étangs (< 170 cm), une oxygénation moyenne (> 50 %) avec des hypoxies enregistrées en saison des pluies (< 35 %), une forte minéralisation des eaux, des teneurs élevées en éléments nutritifs, matières organiques, substances dissoutes et pigments photosynthétiques (> 30 µg/L). La qualité physicochimique est homogène dans la colonne d'eau (surface - profondeur) de chaque étang due à l'absence de stratification et montre une pollution organique forte avec l'azote comme facteur limitant de l'eutrophisation des étangs étudiés. Toutes ces caractéristiques ont permis de classer ces étangs dans la catégorie des étangs hypereutrophes.

Les analyses phytoplanctoniques ont permis l'identification de 336 espèces. L'étang Côte d'azur a été le plus diversifié avec 159 espèces suivi de l'étang Mopa (147 espèces), l'étang Ngaikada (143 espèces) et l'étang Mokolo (138 espèces). L'étang Kpokolota a été le moins diversifié (136 espèces). La richesse spécifique des classes phytoplanctoniques est la même dans tous les étangs étudiés surtout dominés par les Diatomées et les Chlorophycées. Les Euglénophycées et les Cyanophycées ont été moyennement diversifiés tandis que les Dinophycées, les Cryptophycées, les Chrysophycées et les Xanthophycées ont été faiblement diversifiés et parfois absents dans certains étangs pendant la période d'étude. Les densités algales ont été plus élevées dans l'étang Côte d'azur (22,03 %), suivi de l'étang Kpokolota (21,45 %), l'étang Mopa (21,28 %), l'étang Mokolo (19,83 %) et l'étang Ngaikada (15,41 %). Les Diatomées sont les plus abondants dans les étangs Mopa et Ngaikada avec respectivement 52 % et 43 % de la densité totale. Les Euglénophycées représentent 32 % de la densité totale dans les étangs Côte d'azur et Kpokolota tandis les Chlorophycées sont plus abondants dans l'étang Mokolo (46 %). Les richesses spécifiques et les densités phytoplanctoniques de surface sont significativement plus élevées que celles de profondeur dans tous les étangs et à toutes les saisons confirmant l'hypothèse selon laquelle l'intensité lumineuse, élément indispensable à la photosynthèse est le principal régulateur de la dynamique phytoplanctonique des étangs. Les biomasses phytoplanctoniques élevées reflètent une forte activité photosynthétique et une forte productivité primaire dues à l'absorption des nutriments qui sont les facteurs de contrôle de la composition et de la croissance phytoplanctonique.

L'approche typologique abiotique a permis de classer les étangs en trois groupes en fonction de l'origine majeure des polluants avec l'étang Mokolo (groupe I) principalement pollué par le rouissage de manioc et une ferme située en amont, les étangs Mopa et Côte d'azur (groupe II) dont la pollution est essentiellement agricole et les étangs Ngaikada et Kpokolota (groupe III) dont l'essentiel de la pollution provient des eaux usées et des déchets issues des ménages. L'approche typologique biotique a permis de classer les étangs en trois groupes en fonction de la tolérance des espèces algales aux teneurs en azote. Les étangs Mokolo, Côte d'azur et Ngaikada (groupe I) et l'étang Mopa (groupe II) sont surtout caractérisés des espèces polluotolérantes aux teneurs élevées en azote, tandis que l'étang Kpokolota (groupe III) est surtout caractérisé des espèces polluosensibles aux teneurs élevées en azote.

Les espèces *Azpeitia africana* et *Stauroneis phoenicenteron* (Diatomées), *Eresmophaera gigas* et *Volvox tertius* (Chlorophycées), *Euglena proxima* et *Phacus orbicularis* (Euglénophycées) *Microcystis aeruginosa* et *Aphanocapsa incerta* (Cyanophycées) avec des occurrences > 50 % et des densités très élevées sont les taxa saprophiles et polluotolérants fréquemment rencontrés et caractéristiques de l'état hypereutrophe des étangs étudiés. La forte présence des taxa rares démontre d'un renouvellement permanent des espèces phytoplanctoniques qui sont des indicateurs très sensibles des agressions environnementales. Les similarités relativement moyennes des étangs expliqueraient le degré de similitude entre les étangs caractérisés par un ensoleillement, un apport en nutriments et des teneurs élevées en CO_2 qui créent un environnement particulier, favorable à la croissance de certaines espèces phytoplanctoniques, mais aussi les conditions particulières et intrinsèques propres à chaque hydrosystème caractéristique de la nature et du type de polluants présent dans l'étang. On note un vieillissement des écosystèmes aquatiques avec des peuplements phytoplanctoniques en fin de succession écologique, qui sont plus diversifiés en saison sèche qu'en saison pluvieuse, mais pas en équilibre à cause de la forte dominance d'un petit groupe d'espèces. La composition spécifique et la dynamique des populations algales au cours de cette étude sont influencées par d'innombrables facteurs chimiques tels que la quantité d'éléments nutritifs biodisponibles, physiques comme la lumière, la température et le brassage des eaux, et par les interactions biologiques comme le broutage par le zooplancton et la compétition inter et intraspécifique.

L'hypereutrophisation des étangs montre une mauvaise qualité des eaux incompatible avec la pisciculture et devrait tirer la sonnette d'alarme pour que des mesures de restauration soient immédiatement mises sur pied pour une reprise des activités aquacoles au risque de voir ces étangs disparaître dans les années à venir. Fort de ce constat, il serait urgent pour les pouvoirs publics, en collaboration avec les chercheurs et l'implication des populations, de prendre des mesures idoines pour protéger et restaurer ces hydrosystèmes, car pour être efficiente, cette restauration doit être collégiale. Celle-ci passe par l'application rigoureuse des textes relatifs à la protection de l'environnement, la planification et monitoring des activités anthropiques des bassins versants et la construction des stations d'épuration afin de respecter les normes de rejet des effluents domestiques dans l'environnement. La réduction des apports exogènes d'azote et éventuellement de phosphore étant la mesure principale permettant de contrôler l'eutrophisation, il faudra en inventorier les principales sources dans les différents bassins versants, ainsi que les processus de cheminement de ces nutriments jusqu'aux différents plans d'eau afin de mieux contrôler ce flux de composés azotés dans les étangs. Les populations devraient également changer de mentalités pour adopter des comportements écocitoyens responsables en utilisant les moyens appropriés pour l'évacuation des déchets et des eaux usées domestiques. Les étangs doivent être faucardés et les plantes aquatiques ramassées, car lors de la dégénérescence, elles augmentent la teneur des eaux en matières organiques. Ces hydrosystèmes doivent être curés afin d'enlever la vase des sédiments qui non seulement accélère le remblaiement des étangs par envasement progressif, mais aussi facilite le relargage des polluants et des nutriments dans les étangs. L'application rigoureuse de ces recommandations permettra une restauration des étangs et une gestion préventive de l'eutrophisation, avec pour but une reprise de l'aquaculture et une augmentation de l'approvisionnement du marché en protéines animales.

Les études futures devront permettre d'approfondir les identifications jusqu'au rang de l'espèce pour les organismes dont des observations plus poussées n'ont pas été possibles et de continuer à approvisionner la base de données des organismes phytoplanctoniques du Cameroun qui reste très peu connus. Il faudra instaurer un suivi périodique de la qualité physicochimique et biologique des eaux des étangs afin de suivre leur évolution dans le temps et faire des projections pour l'avenir. Il serait judicieux de construire un modèle de régression linéaire de prédiction des blooms phytoplanctoniques à partir des caractéristiques physicochimiques afin de permettre aux responsables des étangs de prévenir les efflorescences algales. Enfin, il faudra mesurer les teneurs en hépatotoxines, neurotoxines et dermatotoxines qui sont des toxines Cyanobactériennes qui empoisonnent les produits aquacoles et par transfert de matière et d'énergie dans la chaîne alimentaire, les populations consommatrices.

REFERENCES BIBLIOGRAPHIQUES

A.P.H.A. (1998). Standard method for examination of water and wastewater. *American Public Health Association*, 20th edition, Washington, DC, 1150 p.

Abbas M. (2009). Species composition and seasonal variation of phytoplankton in the Himreen Reservoir in the middle of Iraq. UOS. *Journal of Pure Applied Science*, 6: 35-44.

Aboim I. L., Gomes D. F. & Mafalda Junior P. O. (2020). Phytoplankton response to water quality seasonality in a Brazilian neotropical river. *Environmental Monitoring Assess*ment, 192 : 70.

AFNOR (2006). Qualité de l'eau, Norme guide pour le dénombrement du phytoplancton par microscopie inversée (méthode Utermöhl), NF EN 15204, 39 p.

Aït Boughrous A., Boulanouar M., Yacoubi M. & Coineau N. (2007). The first Microcharon (Crustacea, Isopoda, Microparasellidae) from the Moroccan North Saharan Platform. Phylogeny, origin and paleobiogeography. *Contributions to Zoology,* 76 (1): 19-32.

Ait Hammou H., Latour D., Samoudi S., Mouhri K., Douma M., Robin J. & Loudouki, M. (2018). Occurrence of the First Toxic Microcystis Bloom in a Recent Moroccan Reservoir. *Water Resources*, 45 (3):409 - 417.

Ajeagah G. A., Njine T., Bilong Bilong C. F., Foto Menbohan S., Wouafo Ndayo M., Nola M., Di Giovanni G. D. & Huw S. (2010). Seasonal distribution of enteric opportunistic *Cryptosporidium* spp. oocysts and *Giardia* spp. oocysts in a tropical water basin, Cameroon. *Water*, 2: 44-57.

Al-Aubadi I. M. K., Alabadi L. A. S., Hashim L. Q. & Al-Hadithi A. H. (2019). Use simple alternative method for estimating water turbidity. *Plant archives*, 19 (2): 598-601.

Aleya L. & Devaux J. (1989). Intérêts et signification écophysiologique de l'estimation de la biomasse et de l'activité photosynthétique de diverses fractions de taille phytoplanctonique en milieu lacustre eutrophe. *Revue des Sciences de l'Eau*, 2 (3): 353-372.

Allan J. D. (2004). Landscape and rivers cape: the influence of land use on stream ecosystems. *Annual Review of Ecology, Evolution, and Systematics*, 35: 257-284.

Amblard C. & Pinel-Alloul B. (1995). Variations saisonnières et interannuelles du plancton. *Limnologie générale.* Masson Publisher, Paris. Collection d'Ecologie, 441-472.

Angelier E. (2003). Ecology of Streams and Rivers. *Science Publishers*, Enfield, USA. 215 p.

Annadotter H., Cronberg G., Aagren R., Lundstedt B., Nilsson P-A. & Ströbeck S. (1999). Multiples techniques for lake restoration. *Hydrobiologia*, 395/396 : 77-85.

Anneville O., Ginot V. & Angel N. (2000). Evolution de l'état de santé du Léman par l'analyse des séries chronologiques du phytoplancton. *Rapport de la Commission Internationale de Protection des Eaux du Lac Léman contre la pollution*, Campagne (2000) : 161-189.

Arfi R., Bouvy M., Cecchi P., Pagano M. & Thomas S. (2001). Factors limiting phytoplankton productivity in 49 shallow reservoirs of North Côte d'Ivoire (West Africa). *Aquatic Ecosystem Health and Management Society*, 4 : 123-138.

Arrignon J. (1998). Aménagement piscicole des eaux douces. 5ème édition : *Halieutique et Aquatiques*, 55 : 1573-1582.

Atangana Kenfack J. A., Tchawa P. & Micha J.-C. (2019). La pisciculture au Cameroun : une démarche individuelle ! Cas de la commune de Bertoua 1 dans la région Est du Cameroun. *Tropicultura*, 37 (3) :2295-8010.

Atanlé K., Bawa M. L., Kokou K. & Djanéyé-Boundjou G. (2012). Caractérisation physicochimique et diversité phytoplanctonique des eaux du Lac de Zowla (Lac Boko), Togo. *International Journal of Biological Chemistry and Science,* 6 (1) : 543-558.

Auby L., Manaud F., Maurer D. & Trut G. (1994). Etude de la prolifération des algues vertes dans le bassin d'Arcachon. *IFREMER-CEMAGREF-SSA-SABARC,* 192 p.

Azam F. & Malfatti F. (2007). Microbial Structuring of marine ecosystems. *Nature Reviews Microbiology*. 5: 782-791.

Azhikodan G. & Yokoyama K. (2016). Spatiotemporal variability of phytoplankton (Chlorophyll-a) in relation to salinity, suspended sediment concentration, and light intensity in a macrotidal estuary. *Continental Shelf Research*, 126 : 15-26.

Ba N. (2006). La communauté phytoplanctonique du Lac de Guiers (Sénégal) : types d'associations fonctionnelles et approches expérimentales des facteurs de régulation. *Thèse de Doctorat de 3e Cycle de l'Université Cheikh Anta Diop de Dakar* (Sénégal), 144 p.

Bachelier G., Curis M. & Martin D. (1956). Prospections pédologiques dans l'Est-Cameroun. Yaoundé : ORSTOM ; IRCAM, 60 p.

Baillot S. (2013). Utilisation des groupes morpho-fonctionnels du phytoplancton pour le diagnostic écologique des plans d'eau du bassin Loire Bretagne. Mémoire en Sciences de l'environnement, 121 p.

Bally M. & Garrabou J. (2007), Thermodependent bacterial pathogens and mass mortalities in temperate benthic communities: a new case of emerging disease linked to climate change. *Global Change Biology*, 13 : 2078-2088.

Balvay G. (1995). Ressources et comportements alimentaires des poissons. In : *Limnologie générale,* Pourriot R. et Meybeck M. (Eds), Masson, Paris, 588-607.

Barbe J., Lafont M., Mouthon M. & Philippe M. (2003). Protocole actualisé de la diagnose rapide des plans d'eau. *CEMAGREF,* Lyon, 30 p.

Barroin G. (2003). Phosphore, azote et prolifération des végétaux aquatiques. *Courrier de l'Environnement*, INRA, 48: 13-25.

Bartram J., Burch M., Falconer I. R., Jones G. & Kuiper-Goodman T. (1999). Toxic Cyanobacteria in Water. A Guide to Their Public Realth Consequences, Monitoring and Management. *WRO,* Spon, London: 179-209.

Behrenfeld M. J., Randerson J. T., McClain C. R., Feldman G. C., Los, S., Tucker C. J., Falkowski P.G., Field C. B., Frouin R., Esaias W. E., Kolber D. D. & Pollack N. H. (2001). Biospheric primary production during an ENSO. *Transition. Science*. 291: 2594-2597.

Beman J. M., Arrigo K. R., & Matson P. A. (2005). Agricultural runoff fuels large phytoplankton blooms in vulnerable areas of the ocean. *Nature*, 434 (7030), 211-214.

Bérard A., Dorigo U., Mercier I., Becker-van Slooten K., Grandjean D. & Leboulanger C. (2003). Comparison of the ecotoxicological impact of the triazines Irgarol 1051 and atrazine on microalgal cultures and natural microalgal communities in Lake Geneva. *Chemosphere,* 53: 935-944.

Berube P. M., Coe A., Roggensack S. E. & Chisholm S. W. (2016). Temporal dynamics of Prochlorococcus cells with the potential for nitrate assimilation in the subtropical Atlantic and Pacific oceans. *Limnology and Oceanography*, 61: 482-495.

Bhattacharyya T., Pal D. K., Chandran P., Ray S. K., Mandal C. & Telpande B. (2008). Soil carbon storage capacity as a tool to prioritize areas for carbon sequestration. *Current Science*, 95 :482-494.

Blandin P. (1986). Bioindicateurs et diagnostic des systèmes écologiques. *Bulletin d'Ecologie,* 17 (4): 215-307.

Bock C., Zimmermann S., Beisser D., Dinglinger S. & Giesemann P. (2017). Differential impact of silver stress on Chrysophyceae (Stramenopiles). *Phycologia,* 56 (4) : 19-20.

Bouchard V. M. (2004). Floraisons de Cyanobactéries au Lac Saint-Augustin : dynamique à court terme et stratification, Mémoire de master. Université Laval, 130 p.

Boukari T. O. (2018). Caractérisation écologique et modélisation de la réponse du phytoplancton aux conditions physicochimiques dans le barrage de Kpassa sur l'Okpara (Nord-Est du Benin). *Thèse de Doctorat/Ph.D, Université de Lomé*, Togo, 243 p.

Bourrelly P. (1966). Les algues d'eau douce. Initiation à la systématique. Tome I : *Les algues vertes*, (N. Boubée & Cie ed.), Paris, Boubée, 511 p.

Bourrelly P. (1968). Les algues d'eau douce. Initiation à la systématique. Tome II : Les algues jaunes et brunes. Chrysophycées, Phéophycées, Xanthophycées et Diatomées, (N. Boubée & Cie ed.), Paris, Boubée, 438 p.

Bourrelly P. (1970). *Les algues d'eau douce. Initiation à la systématique.* Tome III : Les algues bleues et rouges. Les Eugléniens, Péridiniens et Cryptomonadines, (N. Boubée & Cie ed.), Boubée, Paris, France, 512 p

Bourrelly P. (1985a). *Les algues d'eau douce : Initiation à la systématique.* Tome III : Les algues Vertes. Editions N. Boubée et Cie, Paris, France, 440 p

Bourrelly P. (1985b). *Les algues d'eau douce : Initiation à la systématique.* Tome I : Les algues bleues et rouges. Les Eugléniens, Péridiniens et Cryptomonadines. Société nouvelle des éditions Boubée, Paris, France, 606 p.

Bourrelly P. (1985c). *Les algues d'eau douce : Initiation à la systématique.* Tome 3, les algues bleues et rouges. Société Nouvelle des Edition Boubée, Paris, 593 p.

Bourrelly P. (1990). *Les algues d'eau douce : Initiation à la systématique.* Tome 1, les algues vertes. Société Nouvelle des Edition Boubée, Paris, France, 593 p.

Bouvy M., Molica R., Oliveira S., Marinho M. & Beker B. (1999). Dynamics of a toxic cyanobacterial bloom (Cylindrospermopsis raciborskii) in a shallow reservoir in the semi-arid region of northeast Brazil. *Aquatic Microbiology and Ecology,* 20: 285-297.

Boyd C. E. (2020). Dissolved oxygen and other gases. *In: Water Quality, Springer, Cham.* 135-162.

Boyd P., Watson A. & Law C. (2000). A mesoscale phytoplankton bloom in the polar Southern Ocean stimulated by iron fertilization. *Nature,* 407 : 695-702.

Brahy V., Valérie G., Gilles C. & Laurent B. (2009). L'état de fertilité des terres agricoles et forestières en région wallonne (adapté du chapitre 4 - sol 1 de " L'Etat de l'Environnement wallon 2006-2007 "). *BASE*, 13 (1).

Branco C. W. C. & Senna P. A. (1991). The taxonomic elucidation of the Paranoa Lake (Brazil) problem: *Cylindrospermopsis raciborskii. Bulletin du Jardin Botanique National Belge* 61: 85-91.

Bringmann V. & Kuhn R. (1982). Results of toxic action of water pollutants on *Daphnia magna* Straus tested by an improved standardized procedure. *Wasser Abwasser Forsch.* 15 (1):1-6.

Brummett R. E. & Ponzoni R. W. (2009). Concepts, Alternatives, and Environmental Considerations in the Development and Use of Improved Strains of Tilapia in African Aquaculture. *Reviews in Fisheries and Science*, 17 (1) : 70-77.

BUCREP (Bureau Central des Recensements et des Etudes de Population du Cameroun) (2010). Rapport de présentation des résultats définitifs, *Troisième recensement général de la population et de l'habitat.* Yaoundé, Cameroun. 67 p.

Canter-Lund H. & Lund J. W. G. (1995). *Freshwater Algae:* Their microscopic world explored, 582 (26).

Carlson R. E. (1977). A Trophic State Index for lakes. *Limnol. Oceanogr.* 22: 361-369.

Carmichael W. W., Jones C. L. A., Mahmood N. A., Theiss W. C. & Krogh P. (2010). Algal toxins and water-based diseases. *Critical Reviews in Environmental Science and Technology*, 15 (3): 275-313.

Carmouze J. P., Durand J. R. & Lévêque C. (1983). Lake Tchad - Ecology and Productivity of a Shallow Tropical Ecosystem. *Monographia Biologicae*, 53, 1 - 575.

Carty S. & Wujek D. E. (2003). A new species of Peridinium and new records of dinoflagellates and silica-scaled chrysophytes from Belize. *Caribbean Journal of Science*, 39 (1), 136-139.

Cetinic 1., Vilicio D., Buric Z. & Olujc G. (2006). Phytoplankton seasonality in a highly stratified karstic estuary (Krka, Adriatic Sea). *Hydrobiologia,* 555:31-40.

Chan F., Pace M. L., Howarth R. W. & Marino R.M. (2004). Bloom formation in heterocystic nitrogen-fixing bacteria: The dependence on colony size and zooplankton grazing. *Limnology and Oceanography,* 49: 2171-2178.

Chaouachi B., Ben Hassine O. K. & Lemoalle J. (2002). Impact du vent sur la transparence des eaux de la lagune de l'Ichkeul. *Bulletin de l 'Institut National des Sciences et Technologies de Mer*, 29 : 87-93.

Chisholm S. W., Olson R. J., Zettler E. R., Goericke R., Waterbury J. B. & Welschmeyer N. A. (1988). A novel free-living Phochlorophyte abundant in the oceanic euphotic zone. *Nature*, 6180: 340-343.

Chorus I. & Bartram J. (1999). Toxic Cyanobacteria in water. A guide to their public health consequences, monitoring and management. Published on behalf of World Health Organization, London, England,858 p.

Chouinard H. (2010). L'intégrité écologique des cours d'eau : analyse de méthodes de suivi et proposition d'une méthode adaptée au Parc National d'Ifrane. Faculté des Sciences, Université de Sherbrooke, *M.E.I/M.Env,* 126 p.

Colyer C. L., Kinkade C. S., Viskari P. J. & Landers J. P. (2005). Analysis of Cyanobacterial pigments and proteins by electrophoretic and chromatographic methods. *Analytical and Bioanalytical Chemistry.* 382 : 559-569.

Compère P. (1974). Algues de la région du Lac Tchad : Cyanophycées. Cah. O.R.S.T.O.M., *serie Rydrobiologie,* (VIII) : 165-198.

Compère P. (1975). Algues de la région du Lac Tchad : Diatomophycées. Cah. O.R.S.T.O.M., *serie Rydrobiologie,* (IX) : 203-290.

Compère P. (1976). Algues de la région du Lac Tchad : Chorophycophytes. Cah. O.R.S.T.O.M., *serie Rydrobiologie,* (X), 77-118.

Couté A. & 1ltis A. (1981). Ultrastructure stéréoscopique de la logette de *Trachelomonas* (Algae, Euglenophyta) récoltés en Côte d'Ivoire. *Revue Hydrobiologique Tropicultura (*II) : 115-133.

Couté A. & Bernard C. (2001). Les cyanobactéries toxiques. *In : Toxines d'algues dans l'alimentation, Ed. Ifremer, Paris*, France. 89-108.

Couté P. & Pérette C. (2011). Inventaire des microalgues dulçaquicoles dans le bois de Païolive. *Rapport d'étude*, Paris, 90 p.

Cunha M. E., Quental-Ferreira H., Parejo A., Gamito S., Ribeiro L., Moreira M., Monteiro I., Soares F. & Pousão-Ferreira P. (2019). Methodology for assessing the individual role of fish, oyster, phytoplankton and macroalgae in the ecology of integrated production in earthen ponds. *Methods X*, 512 (6) : 2570-2576.

Daccache A., Elbana M. A. & Fouial A. (2016). Gestion des ressources en eau : Zéro gaspillage en Méditerranée. *Ressources naturelles, alimentation et connaissances.* Paris, Presses de Sciences Po, 3 :71-94.

Daget J. (1979). Mathematical models in ecology; Masson, Paris, France, 317 p.

Dajoz R. (2000). *Précis d'Ecologie*. 7ème édition, Dunod, Paris, France, 615 p.

Dauta A. & Feuillade J. (1995). Croissance et dynamique des populations algales. In Pourriot R. et Meybeck M. : *Limnologie générale*. Masson, Paris. Collection Ecologie, 25 (3) : 28-350.

DCE (Directive Cadre des Eaux) (2005). Circulaire DCE no 2005-11 du 29 avril 2005 relative à la typologie nationale des eaux de surface (cours d'eau, plans d'eau, eau de transition et eaux côtières) en application de la directive 2000/60/DCE du 23 octobre 2000 du Parlement et du Conseil établissant un cadre pour une politique communautaire dans le domaine de l'eau. Ministère de l'écologie et du développement durable. Bulletin officiel, 18 p.

De Reviers R. (2003). Biologie et phylogénie des algues. Belin, Paris. *Collection Sup Sciences*. Tome 2 (78): 255 p.

Dessery S., Lancelot C. & Billen G. (1984). Primary production and its fate in the storage basin of Mery-sur-Oise. *Verhandlungen des Internationalen Verein Limnologie,* 22 : 1504-1509.

Devaux J. (1980). Structure des populations phytoplanctoniques dans trois lacs du Massif Central : Successions écologiques et diversité. *Oecological Gêneral,* 1 : 11-26.

Devidal S., Rivard-Sirois C., Pouet M.-F. & Thomas O. (2007). Solutions curatives pour la restauration des lacs présentant des signes d'eutrophisation. Observatoire de l'Environnement et du Développement Durable, Université de Sherbrooke, Québec, 51 p.

Djego J., Gibigaye M. Tente B. & Sinsin B. (2012). Analyses écologique et structurale de la forêt communautaire de Kaodji au Bénin. *International Journal of Biological Chemistry and Science,* 6 (2) :705-713.

Djogo Kinfack (2007). Evaluation de la qualité des eaux du barrage de la Mopfou à Yaoundé. Physicochimie et peuplement algal. Mémoire de Master II, Faculté des Sciences, Université de Yaoundé I, 72 p.

Domaizon I. (2010). Les réseaux trophiques microbiens planctoniques : diversité, structure, fonctionnement en milieu lacustre. *Mémoire d'Habilitation à Diriger des Recherches. Université de Savoie*, 123 p.

Domaizon I., Viboud S. & Fontvieille D. (2003). Taxon-specific and seasonal variations in flagellates grazing on heterotrophic bacteria in the oligotrophic Lake Annecy – importance of mixotrophy, *FEMS Microbiology Ecology*, 46 (3): 317-329.

Doney S. C. (2010). The growing human footprint on coastal and open-ocean biogeochemistry. *Science,* 328: 1512-1516.

Dufrêne M. & Legendre P. (1997). Species assemblages and indicator species: the need for a flexible asymmetrical approach. *Ecological Monographs*, 67: 345-366.

Dunnette D. A. (1992). Assessing global river water-quality–case study using mechanistic approaches. ACS Symposium Series, 483 : 260-286.

Dussart B. H. (1992). Limnologie, l'étude des eaux continentales (2ème éd). Boubée et Cie, Paris, France, 680 p.

Ebang Menye D. (2004). L'Etat de santé de l'Ewoué, un diagnostic par l'examen de la pollution par les rejets domestiques et urbains et ses incidences sur les biocénoses aquatiques. *Mémoire de DEA. Université de Yaoundé 1.* 65 p.

Ebang Menye D., Zébazé Togouet S. H., Kemka N., Foto Menbohan S., Nola M., Boutin C., Nguetsop V. F., Djaouda M. & Njiné T. (2012). Bio-écologie des diatomées épilithiques de la rivière Mfoundi (Yaoundé-Cameroun) : diversité, distribution spatiale et influence des pollutions organiques. *Revue des Sciences de L'Eau*. 25 : 203-218.

El Amrani M. (2007). Evolution morpho-sédimentaire de la basse vallée de l'oued Kert (Maroc nord oriental) depuis 30000 ans : Impact des facteurs naturels et anthropiques. *Thèse de Doctorat, Université de Lille III*, France, 306 p.

Elber F. & Schanz F. (1989). The cause of change in the diversity and stability of phytoplankton communities in small lakes. *Freshwater Biology*. 21: 237-251.

Elser J. J. & Goldman C. R. (1991). Zooplankton effect on phytoplankton in lakes of constrasting trophic status. *Limnology and Oceanography*, 36: 64-90.

Ettl H. (1983). *Chlorophyta I (Phytomonadina).* Ettl, R., Gerloff, J. Reynig, R. et Mollenhauer, D. (eds). SüBwasserflora von Mitteleuropa. Gustav Fisher Verlag, Stuttgart, 9.

Ettl H., & Gärtner G. (1988). Eine einfache Methode zur Darstellung der Struktur der Stärkehüllen von Pyrenoiden bei Grünalgen (Chlorophyta). *Archiv für Protistenkunde*, 135 (1-4), 179-181.

FAO (2013). Utilisation de la planification spatiale aux fins de la croissance future de l'aquaculture. *COFI :* AQ/VII/2013/6, 12 p.

FAO (2018). La situation mondiale des pêches et de l'aquaculture. Atteindre les objectifs de développement durable. Rome. *Licence* : CC BY-NC-SA 3.0 IGO, 254 p.

Felisberto S. A. & Rodrigues L. (2011). Desmídias epifíticas do reservatório de Rosana, bacia do rio Paranapanema, Paraná/São Paulo, Brasil : Euastrum e Micrasterias (Desmidiaceae). *Revista Brasileira de Biociências*, 9 (2).

Fermon Y. (2013). La pisciculture de subsistance en étangs en Afrique : Manuel technique. ACF/Aimara, 294 p.

Ferreira V., Koricheva J., Duarte S., Niyogi D. K. & Guérold F. (2016). Effects of anthropogenic heavy metal contamination on litter decomposition in streams – A meta-analysis. *Environmental Pollution,* 210 : 261-270.

Festy B., Hartemann P., Ledrans M., Levallois P., Payment P. & Tricard D. (2003). Qualité de l'eau. *In Environnement et santé publique-Fondement et pratiques*, 333-368.

Figueredo C. & Giani A. (2009). Phytoplankton community in the tropical lake of Lagoa Santa (Brazil): Conditions favoring a persistent bloom of *Cylindrospermopsis racibordkii. Limnologica-Ecol. Manage. of Inland Waters,* 34: 264-272.

Findlay D. L. & Kling H. J. (1990). Protocol for measuring biodiversity: Phytoplankton in freshwater, Department of Fisheries and Oceans, Freshwater institute, University of Crescent, Nigeria, 19 p.

Fogg G. E., Stewart W. D. P., Fay P. & Walsby A. E. (1973). The blue-green algae. *Academic Press-London and New York*, 9-297.

Franceschini I. M. (1992). Algues d'eau douce de Porto Alegre, Brésil (Diatomophyceae exclues). J. Cramer, Gebrüder Borotraeger, *Verlagsbuchhandlung*, 73 p.

Frempong E. (1981). Variation in the abundance, vertical distribution and species composition of phytoplankton in a eutrophic English lake. *Journal of Ecol*ogy, 69 : 919-939.

Frontier J. (1976). Utilisation des diagrammes rang-fréquence dans l'analyse des écosystèmes. *Journal de la Recherche Océanographique, O.R.S.T.O.M.* 1 (03) : 35-48.

Galvez-Cloutiers R., 1ze S. & Arsenault S. (2000). La détérioration des plans d'eau : Manifestations et moyens de lutte contre l'eutrophisation. *Vecteur Environnement*, 35 (6), 18-37.

Garnier J., Billen G. & Coste M. (1995). Seasonal succession of diatoms and Chlorophyceae in the drainage of the Seine River: Observations and modeling. *Limnology and Oceanography*, 40: 750-765.

Garnier J., Dufayt O., Billen G. & Roulier M. (2001). Eutrophisation et gestion des apports de phosphore dans le bassin de la Seine. *Rapport d'atelier*, Scientifiques et Décideurs, 8 p.

Germain H. (1981). *Flore des Diatomées : eaux douces et saumâtres.* Société nouvelle des éditions Boubée, Paris, France,444 p.

Gleick P. H. & Meena P. (2010). Peak water limits to freshwater withdrawal and use. *Proceedings of the National Academy of Science*. 107: 11155-11162.

Glèlè Kakaï R., Salako V K., Padonou E A. & Lykke A M. (2016). Méthodes statistiques multivariées utilisées en Ecologie. *Annales des Sciences Agronomiques*, 20 :139-157.

Godin P. M., feinberg M. H. & Ducauze C. J. (1985). Modeling of soil contamination by airborne lead and cadmium around several emission sources. *Environment Pollution*, 10: 97-114.

Goldberg E. D., Walker T. J. & Whisenand A. (1951). Phosphate utilization by diatoms. *Biol. Bull.* 101: 274-284.

Goldman C. R. & Horne A. J. (1983). Limnology. *International Student Edition*, 464 p.

Goldman J. C., Oswald W. J. & Jenkins D. (1972). Kinetics of inorganic carbon limited growth of green algae in continuous culture, its relationship to eutrophication, Univ of California, Berkeley. *Sanitation Engineering Restauration Laboratory Report*, 1: 11-72.

Goldscheider N. Hunkeler D. & Rossi P. (2006). Review: microbial biocenoses in pristine aquifers and assessment of investigative methods. *Hydrogeological Journal,* 14 (6):926–941.

Gomez B. E., Johansen J. R. & Kaštovský J. (2017). Systematic reassessment of Rivulariaceae (Nostocales, Cyanophyceae). *Phycologia*, 56 (4): 17-18.

Griebler C., Stein H., Kellermann C., Berkhoff S., Brielmann H., Schmidt S., Selesi D., Steube C., Fuchs A. & Hahn H. J. (2010). Ecological assessment of groundwater ecosystems– vision or illusion? *Ecological Engineering,* 36:1174–1190.

Groga N. (2012). Structure, fonctionnement et dynamique du phytoplancton dans le Lac de Taabo (Côte d'Ivoire). *Thèse de Doctorat, Université de Toulouse*, France, 224 p.

Guildford S. J., Bootsma H. A., Fee E. J., Hecky R. E. & Patterson G. (2000). Phytoplankton nutrient status and mean water column irradiance in lakes Malawi and Superior. *Aquatic Ecosystem Health and Management,* 3: 35-45.

Guilloux B. (2016). Which International Law for Ocean and Climate? *Ocean and Climate Scientific Notes*, 2 (2): 79-88.

Hamaidi-Chergui F., Hamaidi M. S., Brahim Errahmani M. & Benouaklil F. (2013). Studies on biodiversity of Rotifera in five artificial lakes in Algeria: Systematical and Zoogeographical remarks. *Kragujevac Journal of Sciences,* 35: 115–138.

Hamilton R. D. & Holm-Hansen O. (1967). Adenosine triphosphate content of marine bacteria. *Limnological Oceanography,* 12(12) : 319-324.

Hébert S. & Légaré S. (2000). Suivi de la qualité des rivières et petits cours d'eau. Québec, Direction du suivi de l'état de l'environnement, ministère de l'Environnement, *envirodoq* No ENV-2001-0141, rapport No QE-123, vol 3, 24 p.

Hellström T. (1996). An empirical study of nitrogen dynamics in lakes. *Water Environ. Ress.* 68: 55-65.

Hill M. O. (1973). Diversity and evenness: a unifying notation and its consequences. *Ecology,* 54: 427-432.

Hoegh-Guldberg O. & Bruno J. F. (2010). The impact of climate change on the world's marine ecosystems. *Science*, 328: 1523-1528.

Hurlbert S. H. (1971). The non-concept of species diversity: A critique and alternative parameters. *Ecology,* 52: 577-586.

Huszar V. L. M., Silva L. H. S., Marinho M., Domingos P. & Santanna C. L. (2000). Cyanoprokaryote assemblages in eight productive tropical Brazilian waters. *Hydrobiologia*, 42: 67–77.

Huynh T. M. D. (2009). Impacts des métaux lourds sur l'interaction plante/ver de terre/microflore tellurique. *Thèse de Doctorat, Université Paris Est*, France.

Icudo C. E. M. & Menezes M. (2016). Phylogeny and classification of Euglenophyceae: A brief review. *Frontier in Ecology and Evollution*, 4:17.

IETC (International Environmental Technology Centre) (1999). Planning and management of lakes and reservoirs: An Integrated Approach to eutrophication. *Technical Publication Series*, 11 (6) : 231-280.

IFREMER (2000). Mise à jour d'indicateurs du niveau d'eutrophisation des milieux lagunaires méditerranéens, *Rapport final*-1999-2000, (Tome I - 236 p) (tome II - 196 p).

Iltis A. (1980). Les algues. Durant JR, Lévêque C. *Flore et faune aquatique de l'Afrique sahélo-soudanienne*, 1 : 9-61.

Irvine K. N. & Pettibone G. W. (1993). Impact of a ship passage on bacteria levels and suspended sediment characteristics in the Buffalo River, New York. *Water Research*, 30 : 2517-2521.

Jabari A. (1998). Structure et dynamique des populations zooplanctoniques de la retenue de barrage Allai El Fassi. *Doctorat 3ème cycle, Université Sidi Mohamed Ben Abdallah de Fès*, Maroc, 191 p.

John D. M. (1994). Alternation of generations in algae: its complexity, maintenance and evolution. *Biology Review*, 69 : 275-291.

Kamgho Tezanou B. M. (2010). L'accès à l'eau potable et à l'assainissement au Cameroun : Situation actuelle, contraintes, enjeux et défis pour l'atteinte de l'OMD 7, *Rapport de recherche*, 13 p.

Kapso Tchouankep M. (2018). Dynamique d'abondance des amoebidés dans les milieux aquatiques à Yaoundé (Cameroun). Th*èse de Doctorat/Ph.D, Faculté des Sciences. Université de Yaoundé I*, 213 p.

Kasih G. A. A. & Kitada T. (2004). Numerical simulation of water quality response to nutrient loading and sediment resuspension in Mikawa Bay, central Japan: quantitative evaluation of the effects of nutrient-reduction measures on algal blooms. *Hydrological Processes*, 18: 3037-3059.

Keating K. I. (1978). Blue-green algal inhibition of Diatom growth/transition from mesotrophic community structure. *Science*, 199 : 971-973.

Kemka N. (2000). Evaluation du degré de trophie du Lac Municipal de Yaoundé : Etude du milieu, Dynamique et structure du peuplement phytoplanctonique. *Thèse Doct. 3ème cycle, Faculté des Sciences, Université de Yaoundé I*, 178 p.

Kemka N., Njine T., Zebaze Togouet S. H., Foto Menbohan S., Nola M., Monkiedje A., Niyitegeka D. & Compere P. (2006). Eutrophication of lakes in urbanized areas: The case of Yaounde Municipal Lake in Cameroon, Central Africa. *Lakes and Reservoirs Research and Management*, 11: 47-55.

Kemka N., Njiné T., Zébazé Togouet S. H., Niyitegeka D., Nola M., Monkiedje A., Demanou J. & Foto Menbohan S. (2004). Phytoplankton of the Yaounde municipal lake (Cameroon): ecological succession and population structure. *Revue des Sciences de l'Eau*, 17 (3): 301-316.

Klug J. L. (2002). Positive and negative effects of allochthonous dissolved organic matter and inorganic nutrients on phytoplankton growth. *Canadian Journal of Fisheries and Aquatic Sciences*, 59 (1), 85-95.

Klug M. J. & Tiedje J. M. (1993). Response of microbial communities to changing environmental conditions: chemical and physiological approaches. In: R. Guerrero and C.

Pedros-Alio (eds.), Trends *in Microbial Ecology, Spanish Society for Microbiology,* Barcelona, Spain, 371-374.

Koda S. (2015). Biomasse phytoplanctonique et qualité de quelques plans d'eau d'un complexe piscicole de la ville de Mbalmayo. *Mémoire de Master. Université de Yaoundé 1.* 56 p.

Kofoid C. A. (1999). On *Peridinium steinii* Jôrgensen, with a note on the nomenclature of the skeleton of the Peridinidae. *Archiv für Protistenkunde*, 16 : 25-47.

Komârek J. & Anagnostidis K. (2005). Susswasserflora von Mitteleuropa 19. Cyanoprokaryota 2. Teil: *Oscillatoriales, (Elsevier SpeKtrum Akademischer Verlag ed.),* München, *Elsevier,* 759 p.

Komârek J. (2003). Coccoid and colonial Cyanobacteria. *In: Freshwater Algae of North America: Ecology and Classification. Wehr, J.D. and Sheath, R.G. (eds).* Academic Press, Paris, 59-116.

Kugrens P. & Clay B. L. (2003). Cryptomonads. In Freshwater Algae of North America: *Ecology and Classification*, Wehr JD, Sheath RG (ed). Academic Press : Paris, 715-755.

Lacour L. (2016). *Dynamique des blooms phytoplanctoniques dans le gyre subpolaire de l'Atlantique Nord* (Doctoral dissertation, Université Pierre et Marie Curie-Paris VI).

Lam S. S., Josoh A. & Law A. T. (2008). Waste excretion of marble goby (*Oxyeleotris marmorata,* Bleeker) fed with different diets. *Aquaculture,* 274: 49-56.

Lammens E. H. R. R. (1999). The central role of fish in lake restoration and management, *Hydrobiologia*, 395/396, 191–198.

Lapointe B. E., Barile P. J. & Matzie W. R. (2004). Anthropogenic nutrient enrichment of seagrass and coral reef communities in the Lower Florida Keys: discrimination of local versus regional nitrogen sources. *Journal of Experimental Marine Biology and Ecology,* 308 : 23-58.

Lecerf A. (2005). Perturbations anthropiques et fonctionnement écologique des cours d'eau de tête de bassin : Etude du processus de décomposition des litières. *Thèse de Doctorat, Université Paul Sabatier, Toulouse III*, 159 p.

Leclercq L. (2001). Intérêt et limites des méthodes d'estimation de la qualité de l'eau. Station scientifique des Hautes-Fagnes, Belgique, *Document de travail*, 44 p.

Lévêque C. & Balian E. V. (2005). Conservation of freshwater Biodiversity: does the real world meet scientific dream? *Hydrobiologia*, 542 : 25-26.

Levêque C. & Mounolou J. C. (2008). *Biodiversité : dynamique biologique et conservation.* 2e édition, Paris : Dunod, 248 p.

Lévêque C. (1999). Réponses aux conditions extrêmes, In Lévêque C. et Paugy D. (Eds.), *Les poissons des eaux continentales africaines*. 191-198.

Leynaud G. & Verrel J. L. (1980). Modifications du milieu aquatique sous l'influence des pollutions. *In : Gauthier Villars éd., pollution des eaux continentales. Incidence sur les biocénoses aquatiques,* Paris, Besson, France, 345 p.

Lorenzen C. J. (1967). Determination of chlorophyll and phéopigments: spectrophotometric equations. *Limnology and Oceanography* 12: 343-346.

Lu F., Chen Z., Liu W. & Shao H. (2016). Modeling chlorophyll-a concentrations using an artificial neural network for precisely eco-restoring lake basin. *Ecological Engineering,* 95: 422–429.

Lung'ayia H. B. O., M'harzi A., Tackx M., Gichuki J. et Symoens J. J. (2000). Phytoplankton community structure and environment in the Kenyan waters of Lake Victoria. *Freshwater Biology*, 43 : 529-543.

Madomguia Diane (2018). Hydrobiologie de deux cours d'eau temporaires en zone Soudano-Sahélienne : Macroinvertébrés benthiques du Mayo Tsanaga et du Mayo Kaliao (Extrême-Nord, Cameroun. *Thèse de Doctorat/Ph.D, Université de Yaoundé I*, Cameroun, 177 p.

Matveev V., Matveeva L., & Jones G. J. (2000). Relative impacts of Daphnia grazing and direct stimulation by fish on phytoplankton abundance in mesocosm communities. *Freshwater Biology*, 44 (3), 375-385.

Mc Queen D. J., Post J. R. & Mills E. L. (1986). Trophic relationships in freshwater pelagic ecosystems. *Canadian Journal of Fisheries and Aquatic Sciences*, 43 : 1571-1581.

Meijer M. L., De Bois I., Scheffer M., Portielje R. & Hosper H. (1999). Biomanipulation in shallow lakes in The Netherlands: an evaluation of 18 case studies. *Hydrobiologia*, 408/409 : 13-30.

Melack J. M. (1979). Temporal variability of phytoplankton in tropical lakes. *Oecologia*, 44 (1), 1-7.

Mikolasek O., Barlet B., Chia E., Pouomogne V., Tomedi Eyango & Tabi M. (2009). Développement de la petite pisciculture marchande au Cameroun : la recherche-action en partenariat. *Cahier de Agriculture*, 18: 2-3.

Milstein A., Alkon A., Kochba M., Avnimelech Y. and Karplus I. (1995). Combined effects of fertilization rate manuring and feed pellets application on fish performance and water quality in polyculture ponds. *Aquactic Research* 26 :55-65

MINEPIA (2009a). Plan de développement durable de l'aquaculture au Cameroun. *Rapport,* 47 p.

MINEPIA (2009b). Revue sectorielle du secteur aquaculture. Mise en place d'un plan de développement durable de l'aquaculture au Cameroun. *Rapport,* 44 p.

MINEPIA (2013). Recensement des fermes piscicoles dans les zones à fort potentiel au Cameroun (Centre, Est, Ouest, Nord-Ouest et Sud). *Rapport principal*, 32 p.

Miquel G., (2001). Les effets des métaux lourds sur l'environnement et la santé. Rapport d'information N° 261 de l'Office Parlementaire d'Evaluation des choix Scientifiques et Technologiques, Sénat (261) : *Assemblée Nationale*, Paris, France.

Moisan J. & Pelletier L. (2008). Guide de surveillance biologique basé sur les macroinvertébrés benthiques d'eau douce du Québec - Cours d'eau peu profonds à substrat grossier. Direction du suivi de l'état de l'environnement, *Ministère du Développement Durable, de l'Environnement et des Parcs,* 86 p.

Moisan J. (2010). Guide d'identification des principaux Macroinvertébrés benthiques d'eau douce du Québec, surveillance volontaire des cours peu profonds. Direction du suivi de l'état de l'environnement, *Ministère du Développement Durable, de l'Environnement et des Parcs,* ISBN-13, 82 p.

Mollo P. & Noury A. (2013). Le manuel du plancton. *Edition Charles Leopold Mayer*. Paris, France, 201 p.

Moss B. (1988). Ecology of freshwaters: Man and Medium, second edition, *Blackwell Scientific Publications,* 417 p.

Nagdeve D. A. (2004). Environmental pollution and control: A case study of Delhi Mega City. *Population and Environment*, 25 (5) : 461-473.

Nahon S., Jaeger C. & Aubin J. (2018). L'aquaculture multi-trophique intégrée en étang : identification de la structure du réseau trophique à l'aide des isotopes stables du carbone et de l'azote. *Journées d'Animation Scientifique Du Département Phase (JAS Phase 2018)*, Rennes, France, Pp 1-98.

Nguetsop V. F., Fonkou T., Lekeufack M. & Pinta J. Y. (2009). Assemblies of algae and relationships to some environmental parameters in two marshy sites of West-Cameroun. *Journal of Water Science*, 22: 15 - 27.

Nicholls K. H. (1995). Chrysophytes bloom in the plankton and neuston of marine and freshwater systems. *In: Sandgren C.D., Smol J.P. et Kristiansen J. (eds). Chrysophytes algae: Ecology, phylogeny and development.* Cambridge University Press, 181-216.

Nicholson S. A. (2016). Intra-Seasonal Variability of Southern Ocean Primary Production: The Role of Storms and Mesoscale Turbulence. *Ph.D* dissertation, Université Paris 6 Pierre et Marie Curie, 167 p.

Nola M., Njine T., Monkiedje A., Sikati Foko V. & Djuikom E. (1998) Qualité bactériologique des eaux des sources et des puits de Yaoundé. *Cahiers d'Etude et de Recherche Francophones / Santé,* 8. 330-336.

Nozaki H. (2003). Flagellated Green Algae. *Dans: Freshwater Algae of North America: Ecology and Classification.* Wehr, J.D. et Sheath, R.G. (eds). Academic Press, Paris, France. 225-252.

O.C.D.E. (1982). Eutrophisation des eaux : Méthodes de surveillance, d'évaluation et de lutte. Paris, France, *Rapport Technique*, vol 42 (78), 165 p.

O'Farrell I., Pinto P. T. & Izaguirre 1. (2007). Phytoplankton morphological response to the underwater light conditions in a vegetated wetland. *Revue Hydrobiology*, 578: 65-77.

Olin M., Rask M., Ruuhijä J., Keskitalo J., Horppilal J., Tallberg P., Taponen T., Lehtovaara A. & Sammalkorpi I. (2006). Effects of biomanipulation on fish and plankton communities in ten eutrophic lakes of southern Finland. *Hydrobiologia*, 553 : 67-88.

Olivry J. C. (1986). Fleuves et rivières du Cameroun. Paris (FRA) ; Yaoundé : *Monographies Hydrologiques* (9), 745 p.

Ott D. W. & Oldham-Ott C. K. (2003). Eustigmatophyte, raphidophyte, and tribophyte algae. In *Freshwater Algae of North America*, Academic Press, 423-469.

Otto-Bruc C. (2001). Végétation des étangs de la Brenne (Indre) ; influence des pratiques piscicoles à l'échelle des communautés végétales et sur une espèce d'intérêt européen. *Thèse de Doctorat,* 248 p.

Pagès J. M. (1991). Biomasse et production phytoplanctoniques dans deux systèmes paraliques d'Afrique de l'Ouest : contrôle par les conditions du milieu. *Thèse de Doctorat, Université de Montpellier II,* France, 231 p.

Paniagua-Michel J., Dujardin E. & Sironval C. (1993). Le ''tecuitlatl'', concentré de spirulines source de protéines comestibles chez les Aztèques. *Cahier Agricultures*, 2: 283-287.

Partensky F., Hess W. R. & Vaulot D. (1999). Prochlorococcus, a marine photosynthetic prokaryote of global significance. *Microbiology and Molecular Biology Reviews*. 63 : 106-124.

Pawlowski L. (2004). Modélisation de l'incorporation du carbone photosynthétique en environnement marin piloté par ordinateur. *Thèse de Doctorat, Université Paris 6*, France.

Payne A. I. (1986). The ecology of tropical lakes and rivers. (ed) John Wiley et sons. USA 301 p.

Peacock M., Audet J., Jordan S., Smeds J. & Wallin M. B. (2019). Greenhouse gas emissions from urban ponds are driven by nutrient status and hydrology. *ECOSPHERE*, 10 (3): 26-43.

Pearl H. W. (1988). Nuisance phytoplankton blooms in coastal, estuarine, and inland waters. *Limnology and Oceanography*, 33: 823 - 847.

Pearson T. H. & Rosenberg R. (1978). Macrobenthic succession in relation to organic enrichment and pollution of the marine environment. *Oceanographic Marine Biology Annual Review,* 16: 230-306.

Pedel L. & Fabri M. C. (2012). Etat de l'art sur les indices existants concernant l'état écologique des habitats benthiques du domaine profond. *Rapport final Ifremer*, LER/PAC. Paris, France.

Philippeau G. (1992). Comment interpréter les résultats d'une analyse en composantes principales. *Service des Etudes Statistiques* – ITCF, 63 p.

Piélou E. C. (1969). The measurement of diversity in different type of biological collections. *Journal of Theorical Biology*, 13: 131-144.

Pinel-Alloul B., Mazumder A., Lacroix G. & Lazzaro X. (1998). Lake trophic food webs: structure, function, interactions and spatiotemporal variations. *Revue des Sciences de l'Eau*, 163-197.

Pitois S., Jackson M. & Wood B. (2001). Sources of the eutrophication problems Associated with toxic algae: An overview. *Journal of Environmental Health*, 64: 25- 32.

Pochon X. & Gates R. D. (2010). A new *Symbiodinium clade* (Dinophyceae) from *soritid foraminifera* in Hawai'i. *Molecular Phylogenetics and Evolution*, 56 (1) :492-497.

Pollingher U. (1988). Freshwater armored dinoflagellates: growth, reproduction strategies and population dynamics. In: *Sandgren, C. (ed.), Growth and Reproduction Strategies of Fresh-water Phytoplankton*. Cambridge: Cambridge Press, 134-174.

Pourriot R. & Meybeck M. (1995). Limnologie générale. *Edition Masson*, Paris, France, 956 p.

Pridmore R. D. & Hewitt J. E. (1984). Chlorophyll 'a' as an indicator of phytoplankton cell volume in 12 lakes, North Island, New-Zealand. *New Zealand Journal of Botany*, 22(2) : 295-301.

Ramade F. (2005). Eléments d'écologie : Ecologie appliquée. 4e édition, Dunod, Paris, France, 864 p.

Rast W., Holland M. & Ryding S. O. (1989). Eutrophication management framework for the policy-maker. *UNESCO/MAB*. Paris, France, 83 p.

Redfield A. C., Ketchum B. H. & Richards F. A. (1963). The influence of organisms on composition of seawater. *The Sea.* 2: 26-77.

Reimann B., Sondergaard M., Scheirup H. H., Christensen G., Hansen J. & Nielsen B. (1982). Carbon metabolism during a spring diatom bloom in the eutrophic Lake Mossoe. *Int. Rev. Gesamten. Hydrobiol.*, 67(2): 145-185.

Reynolds C. S. (1998). What factors influence the species composition of phytoplankton in lakes of different trophic status? *Hydrobiologia,* 11 (26): 369-370.

Reynolds C. S. (2003). The development of perceptions of aquatic eutrophication and its control. *Ecohydrology and Hydrobiology*, 3 : 149-163.

Reynolds C. S., Huszar V., Kruk C., Naselli-flores L. & Melo S. (2002). Towards a functional classification of the freshwater phytoplankton. *Journal of Plankton Research.* 24 : 417-428.

Reyssac J. (1970). Phytoplancton et production primaire au large de la Côte d'Ivoire. - *Bulletin International F.A.N., Série A*, 32 : 869- 981.

Rim-Rukeh A. Ikhifa O. Grace A. & Okokoyo P. (2007). PhysicoChemical Characteristics of Some Waters Used for Drinking and Domestic Purposes in the Niger Delta, Nigeria. *Environmental Monitoring and Assessment.* 128 (4) :75-82.

Rodier J., Legube B., Marlet N. & Brunet R. (2009). L'analyse de l'eau. 9e édition, Dunod, Paris, France, 1579 p.

Rodríguez-Gómez C. F., Vázquez G., Aké-Castillo J. A., Band-Schmidt C. J. & Moreno-Casasola P. (2019). Physicochemical factors related to *Peridinium quadridentatum* (F. Stein) Hansen (Dinophyceae) blooms and their effect on phytoplankton in Veracruz, Mexico. *Estuarine, Coastal and Shelf Science*, 230 : 106412.

Rolland A. (2009). Dynamique et diversité du phytoplancton dans le réservoir Marne (bassin versant de la seine). *Thèse de Doctorat en biologie des populations et des écosystèmes. Université de Savoie, Ecole Doctorale Siseo*, 241 p.

Rosenberg D. M. & Resh V. H. (1993). Freshwater biomonitoring and benthic macroinvertebrates, New York, USA: Chapman & Hall, 504 (4): 1-9.

Rosowski J. R. (2003). "Photosynthetic Euglenoids." In *Freshwater algae of North America: ecology and classification (JD Wehr, RG Sheath, eds.).* Academic Press, 383-422.

Roubeix V., Danis P., Feret T. & Beaudoin J. M. (2016). Identification of ecological thresholds from variations in phytoplankton communities among lakes: contribution to the definition of environmental standards. *Environmental Monitoring Assessment* 188 (4): 246.

Round F. E. (1981). The ecology of algae. *Cambridge University Press*, 653 p.

Routledge R. D. (1979). Diversity indices: Which ones are admissible? *Journal of Theoretical Biology,* 76 (4): 503-515.

Rybak M., Noga T. & Poradowska A. (2019). Diversity in Anthropogenic Environment-Permanent Puddle as a Place for Development of Diatoms. *Journal of Ecological Engineering*, 20 (8) : 165-174.

Ryding S. O. & Rast W. (1994). Contrôle de l'eutrophisation des lacs et des reservoirs. In : Masson ed., *Collection des Sciences de l'Environnement* no 9, Paris, France.

Ryther J. H., Menzel D. W., Hulburt E. M., Lorenzen C. J. & Corwin N. (1971). The production and utilization of organic matter in the Peru coastal current. *Inv. Pesq.,* 35: 43-60.

Saez A. G., Zaldivar-Riveron A. & Medlin L. K. (2008). Molecular systematics of the Pleurochrysidaceae, a family of coastal Coccolithophores (Haptophyta). *Journal of Plankton Research*. 30 : 559-566.

Sane S. (2006). Contrôle de la production primaire du Lac de Guiers au Nord du Sénégal. Thèse de Doctorat de l'Université Cheikh Anta Diop-Dakar, 187 p.

Santos M. A., Bicudo C. E. & Moura C. W. (2018). Taxonomic notes on the species of the genus Micrasterias (Desmidiaceae, Conjugatophyceae) from the Metropolitan Region of Salvador, Bahia, Brazil. *Check List*, 14, 1027.

Schlumberger O. & Bouretz N. (2002). Réseaux trophiques et production piscicole en étangs fertilisés (Dordogne, France). *Rev. Sci. Eau*, 15 (1): 177-192.

Schulze E. D. & Caldwell M. M. (1995). Ecophysiology of Photosynthesis. *Springer Verlag*, Berlin, 576 p.

SCOR-UNESCO (1966). Determination of photosynthetic pigments in seawater - Report of. Scor-Unesco working group 17 (Paris). *Monographs on Oceanographic Methodology*. Vol. 1. 69 pp

Segalen P. (1967). *Les sols et la géomorphologie du Cameroun. O.R.S.T.O.M,* 137-187

Shannon C. E. & Weaver W. W. (1963). The mathematical theory of communications. *University of Illinois Press*, Urbana, 117 p.

Shiklomanov I. A. & Rodda J. C. (2003). *World Water Resources at the Beginning of the 21st Century*. Cambridge University Press, England, 281 : 358-364.

Sighomnou D. (2004). Analyse et redéfinition des régimes climatiques et hydrologiques du Cameroun : perspectives d'évolution des ressources en eau. *Thèse de Doctorat, Faculté des Sciences, Université de Yaoundé I*, 292 p.

Simpson E. H. (1949). Measurement of diversity. *Nature,* 163:41-48.

Skulberg O. M. (1996). Toxins produced by cyanophytes in Norwegian inland waters–health and environment. *Chemical data as a basis of geomedical investigations (Lag J, ed)*, 197-216.

Smith V. H. (2003). Eutrophication of freshwater and coastal marine ecosystems: a global problem. *Environmental Science and Pollution Research International,* 10: 126-139.

Solheim A., Bryn P., Sejrup H. P., Mienert J. & Berg K. (2005). Ormen Lange - An integrated study for the safe development of a deep-water gas field within the Storegga Slide Complex, NE Atlantic continental margin; executive summary. *Marine and Petroleum Geology,* 22: 1-9.

Solimini A. G., Cardoso A. C. & Heiskanen A. (2006). Indicators and method for ecological status assessment under water framework development. *European Commission: Joint Reseach Center, EUR22314EN,* Luxemburg, Belgium, 262 p.

Sommer U. (1989). Nutrient status and nutrient competition of phytoplankton in a shallow, hypertrophic lake. *Limnol. Oceangr*. 34: 1162-1173.

Søndergaard M., Jensen J. P. & Jeppesen, E. (2003). Role of sediment and internal loading of phosphorus in shallow lakes. *Hydrobiologia*, 506-509 :135-145.

Sorensen T. A. (1948). A method of establishing groups of equal amplitude in plant sociology based on similarity of species content, and its application to analyses of the vegetation on Danish commons. *Kdan Vidensk Selsk Biol Skr*, 5:1-34.

Spearman C. (1961). The Proof and Measurement of Association Between Two Things. in J. J. Jenkins & D. G. Paterson (Eds.), *Studies in individual differences: The search for intelligence. Appleton-Century-Crofts*, 45-58.

Stern D. I. (1998). Progress on the environmental Kuznets curve. *Environment and Development Economics*, 3: 173-196.

Strathmann R. R. (1967). Estimating the organic Carbon content of phytoplankton from cell volume of plasma volume. *Limnological Oceanography,* 12(3) : 411-418.

Suchel J. B. (1972). La répartition et les régimes pluviométriques au Cameroun. *Travaux et document de géographie tropicale n°5. CEGET-CNRS*, Bordeaux, 283 p.

Sweeney B. W., Bott T. L., Jackson J. K., Kaplan L. A., Newbold J. D., Standley L. J., Hession W. C. & Horwitz R. J. (2004). Riparian Deforestation, Stream Narrowing, and Loss of Stream Ecosystem Services. *Proceedings of the National Academy of Sciences,* 101 (39) :14132-14137.

Symoens J. J. (1968) La minéralisation des eaux naturelles. In Exploration hydrobiologique du bassin du Lac Bangweolo et Luapula, Cercle Hydrobiologique de Bruxelles. 2 (1) : 199 p.

Tachet H., Richoux P., Bournaud M. & Usseglio-Polatera P. (2010). Invertébrés d'eau douce. Systématique, biologie, écologie. Nouvelle édition revue et augmentée. CNRS éditions, Paris, 607 p.

Talling J. F. & Lemoalle J. (1998). Chapter 3.1. Resource utilization and biological production–primary utilization: energy. *Ecological dynamics of tropical inland waters. Cambridge University Press, Cambridge, UK*, 82-117.

Tangou S. (2009). Evaluation des réglementations et des programmes aquacoles au Cameroun. *Projet SARNISSA*. 44 p.

Ter Braak C. J. F. & Smilauer P. (2002). CANOCO reference manual and Canodraw for Windows user's guide: software for canonical community ordination (version 4.5). *Microcomputer Power*, Ithaca, New York, 500 p.

Therriault J. C., Lawrence D. J. & Platt T. (1978). Spatial variability of phytoplankton turnover in relation to physical process in a coastal environment. *Limnology and Oceanography*, 23: 900 - 911.

Thomas C-S. (2003). Protist phylogeny and the high-level classification of Protozoa, *European Journal of Protistology,* 39: 338-348.

Tilman D., Kilham S. S. & Kilham P. (1982). Phytoplankton community ecology: the role of limiting nutrients. *Annual Review of Ecology and Systematics* 13: 349-371.

Tolomio C., Andreoli C. & Montanari M. (1990). Etude sur l'hydrologie et le phytoplancton du Lac de Varano (mer Adriatique). *Archiv fur Hydrobiologie. (*Algological Studies) 58: 57 - 86.

Tonkin J. D., Death R. G. & Collier K. J. (2013). Do productivity and disturbance interact to modulate macroinvertebrate diversity in streams? *Hydrobiologia,* 701 : 159-172.

Tranouez P. (2005). Contribution à la modélisation et à la prise en compte informatique de niveaux de descriptions multiples : Application aux écosystèmes aquatiques. *Thèse de Doctorat, Université du Havre,* 191 p.

Travers M. (1971). Diversité du microplancton du Golfe de Marseille en 1964. *Marine Biology.* 8 : 308-343.

Tuffery G. (1980). Incidences écologiques de la pollution des eaux courantes. Révélateurs biologiques de la pollution. In : *Pollution des eaux continentales*, Paris, France, Pp 243-280.

Tuzin I. & Mason F. C. (1996). Eutrophication and its control by biomanipulation: An enclosure experiment. *Hydrobiologia*. 331. 79-95.

UNESCO (2006). The 2nd UN World Water Development Report: « Water a shared responsibility ». Paris: United Nations Educational, Scientific and Cultural Organization (UNESCO); *New York: Berghahn Books*. Chap. 4: The State of Resource.

United States Environmental Protection Agency (U. S. EPA) (2002). Biological assessments and criteria: Crucial components of water quality programs. *United States Environmental Protection Agency*, EPA 822-F-02-006.

Utermöhl H. (1958). Zur Vervollkommnung der quantitativen Phytoplankton method. *int. Ver. Theorretische und Angew*andte *Limnologie*, 9 : 1-39.

Verneaux J. (1973). Cours d'eau de France – Comité (massif du Jura) : Recherches écologiques sur le réseau hydrographique du Doubs – essai de biotypologie. *Thèse de Doctorat d'Etat, Faculté des Sciences, Université de Besançon*, 260 p.

Vilagines R. (2003). Eau, environnement et santé publique : Introduction à l'hydrobiologie 2eme éd, Lavoisier, Paris, 196 p.

Walsby A. E. & Reynolds C. S. (1980). Sinking and floating [Phytoplankton ecology]. *Studies in ecology (USA)*. 7: 371-412.

Walsby A. E. (2005). Stratification by cyanobacteria in lakes: a dynamic model indicates size limitations met by *Planktothrix rubescens* filaments. *New Phytologist*. 168: 365-376.

Ward J. H. (1963). Hierarchical grouping to optimize an objective function. *Journal of American Statistical Association*, 58: 1-236.

Wetzel R. G. & Likens G. E. (2000). Limnological Analyses 3rd ed. *Springer Verlag*. 429 p.

Wetzel R. G. (2001). Limnology: *Lake and River Ecosystems*. 3rd edition. Academic Press, London, England, 1006 p.

Williams C. J., Scott A. B., Wilson H. F. & Xenopoulos M. A. (2012). Effects of land use on water column bacterial activity and enzyme stoichiometry. *Aquatic Sciences,* 74 : 483-494.

Wurtz A. (2003). Peut-on concevoir la typification des étangs sur les mêmes bases que celles des lacs. *Verhandlungen des Internationalen Verein Limno*logie, 13: 381-393.

Yang M., Bi Y. H., Hu J., Zhu K., Zhou G. & Hu Z. (2011). Seasonal variation in functional phytoplankton groups in Xiangxi Bay, Three Gorges Reservoir. *Chinese Journal of Oceanogrphy and Limnology*, 29 (5), 1057 p

Zébazé Togouet S. H. (2000). Biodiversité et dynamique des populations de zooplancton (ciliés, rotifères, cladocères et copépodes) du Lac Municipal de Yaoundé (Cameroun). *Thèse de Doctorat 3ème cycle*, Université de Yaoundé I, Cameroun, 175 p.

Zébazé Togouet S. H. (2008). Eutrophisation et structure des peuplements zooplanctonique du Lac Municipal de Yaoundé. *Thèse de Doctorat/Ph.D, Faculté des Sciences, Université de Yaoundé I,* Cameroun, 200 p.

Zébazé Togouet S. H. (2011). Zooplancton et eutrophisation d'un lac en zone tropicale : structure de la communauté zooplanctonique et eutrophisation du Lac Municipal de Yaoundé (Afrique Centrale). Éditions universitaires européennes, 200 p.

Zébazé Togouet S. H., Njiné T., Kemka N., Nola M., Foto Menbohan S., Niyitegeka D., Ngassam P. & Boutin C. (2006). Composition et distribution spatio-temporelle des protozoaires ciliés dans un petit lac hypereutrophe du Cameroun (Afrique Centrale). *Revue des Sciences de l'Eau,* 19 : 151-162.

Zébazé Togouet S. H., Njiné T., Kemka N., Nola M., Foto Menbohan S., Monkiedje A., SimeNgando T. & Jugnia L. B. (2005). Variations spatiales et temporelles de la richesse et de l'abondance des rotifères (Brachionidae et Trichocercidae) et des cladocères dans un petit lac artificiel eutrophe situé en zone tropicale. *Revue des Sciences de l'Eau,* 18 (4): 485-506.

Zeitzschel B. (1978). Oceanographic Factors Influencing the Distribution of Plankton in Space and Time. *Micropaleontology*, 24 (2): 139 - 159.

Zhu K., Bi Y. & Hu Z. (2013). Responses of phytoplankton functional groups to the hydrologic regime in the Daning River, a tributary of Three Gorges Reservoir, China. *Science of the Total Environment*, 450 : 169-177.

www.ingramcontent.com/pod-product-compliance
Lightning Source LLC
LaVergne TN
LVHW022041200926
848481LV00003B/744

* 9 7 9 8 8 9 9 6 6 3 2 5 3 *